U0236821

水利水电工程施工实用手册

混凝土工程施工

《水利水电工程施工实用手册》编委会　编

中国环境出版社

图书在版编目(CIP)数据

混凝土工程施工/《水利水电工程施工实用手册》编委会编. —北京:中国环境出版社,2017.12
(水利水电工程施工实用手册)
ISBN 978-7-5111-3097-6

Ⅰ.①混… Ⅱ.①水… Ⅲ.①水利水电工程－混凝土施工－技术手册 Ⅳ.①TV544-62

中国版本图书馆 CIP 数据核字(2017)第 045271 号

出 版 人　武德凯
责任编辑　罗永席
责任校对　尹　芳
装帧设计　宋　瑞

出版发行　中国环境出版社
　　　　　(100062 北京市东城区广渠门内大街 16 号)
　　　　　网　　址:http://www.cesp.com.cn
　　　　　电子邮箱:bjgl@cesp.com.cn
　　　　　联系电话:010-67112765(编辑管理部)
　　　　　　　　　　010-67112739(建筑分社)
　　　　　发行热线:010-67125803,010-67113405(传真)
　　　　　印装质量热线:010-67113404
印　　刷　北京盛通印刷股份有限公司
经　　销　各地新华书店
版　　次　2017 年 12 月第 1 版
印　　次　2017 年 12 月第 1 次印刷
开　　本　787×1092　1/32
印　　张　9.625
字　　数　255 千字
定　　价　30.00 元

《水利水电工程施工实用手册》
编 委 会

总 主 编： 赵长海

副总主编： 郭明祥

编　　委： 冯玉禄　李建林　李行洋　张卫军

　　　　　　刁望利　傅国华　肖恩尚　孔祥生

　　　　　　何福元　向亚卿　王玉竹　刘能胜

　　　　　　甘维忠　冷鹏主　钟汉华　董　伟

　　　　　　王学信　毛广锋　陈忠伟　杨联东

　　　　　　胡昌春

审　　定： 中国水利工程协会

《混凝土工程施工》

主　　编：钟汉华　李建林

副 主 编：管芙蓉　陈启东

参编人员：项海玲　孙思施　郭家庆　杨　斌

　　　　　姚登友

主　　审：田育功　杨和明

水利水电工程施工虽然与一般的工民建、市政工程及其他土木工程施工有许多共同之处，但由于其施工条件较为复杂，工程规模较为庞大，施工技术要求高，因此又具有明显的复杂性、多样性、实践性、风险性和不连续性的特点。如何科学、规范地进行水利水电工程施工是一个不断实践和探索的过程。近20年来，我国水利水电建设事业有了突飞猛进的发展，一大批水利水电工程相继建成，取得了举世瞩目的成就，同时水利水电施工技术水平也得到极大的提高，很多方面已达到世界领先水平。对这些成熟的施工经验、技术成果进行总结，进而推广应用，是一项对企业、行业和全社会都有现实意义的任务。

为了满足水利水电工程施工一线工程技术人员和操作工人的业务需求，着眼提高其业务技术水平和操作技能，在中国水利工程协会指导下，湖北水总水利水电建设股份有限公司联合湖北水利水电职业技术学院、中国水电基础局有限公司、中国水电第三工程局有限公司制造安装分局、郑州水工机械有限公司、湖北正平水利水电工程质量检测公司、山东水总集团有限公司等十多家施工单位、大专院校和科研院所，共同组成《水利水电工程施工实用手册》丛书编委会，组织编写了《水利水电工程施工实用手册》丛书。本套丛书共计16册，参与编写的施工技术人员及专家达150余人，从2015年5月开始，历时两年多时间完成。

本套丛书以现场需要为目的，只讲做法和结论，突出"实用"二字，围绕"工程"做文章，让一线人员拿来就能学，学了就会用。为达到学以致用的目的，本丛书突出了两大特点：一是通俗易懂、注重实用，手册编写是有意把一些繁琐的原理分析去掉，直接将最实用的内容呈现在读者面前；二是专业独立、相互呼应，全套丛书共计16册，各册内容既相互关联,又相对独立,实际工作中可以根据工程和专业需要,选择一本或几本进行参考使用,为一线工程技术人员使用本手册提供最大的便利。

《水利水电工程施工实用手册》丛书涵盖以下内容:

1)工程识图与施工测量;2)建筑材料与检测;3)地基与基础处理工程施工;4)灌浆工程施工;5)混凝土防渗墙工程施工;6)土石方开挖工程施工;7)砌体工程施工;8)土石坝工程施工;9)混凝土面板堆石坝工程施工;10)堤防工程施工;11)疏浚与吹填工程施工;12)钢筋工程施工;13)模板工程施工;14)混凝土工程施工;15)金属结构制造与安装(上、下册);16)机电设备安装。

在这套丛书编写和审稿过程中,我们遵循以下原则和要求对技术内容进行编写和审核:

1)各册的技术内容,要求符合现行国家或行业标准与技术规范。对于国内外先进施工技术,一般要经过国内工程实践证明实用可行,方可纳入。

2)以专业分类为纲,施工工序为目,各册、章、节格式基本保持一致,尽量做到简明化、数据化、表格化和图示化。对于技术内容,求对不求全,求准不求多,求实用不求系统,突出丛书的实用性。

3)为保持各册内容相对独立、完整,各册之间允许有部分内容重叠,但本册内应避免出现重复。

4)尽量反映近年来国内外水利水电施工领域的新技术、新工艺、新材料、新设备和科技创新成果,以便工程技术人员参考应用。

参加本套丛书编写的多为施工单位的一线工程技术人员,还有设计、科研单位和部分大专院校的专家、教授,参与审核的多为水利水电行业内有丰富施工经验的知名人士,全体参编人员和审核专家都付出了辛勤的劳动和智慧,在此一并表示感谢!在丛书的编写过程中,武汉大学水利水电学院的申明亮、朱传云教授,三峡大学水利与环境学院周宜红、赵春菊、孟永东教授,长江勘测规划设计研究院陈勇伦、李锋教授级高级工程师,黄河勘测规划设计有限公司孙胜利、李志明教授级高级工程师等,都对本书的编写提出了宝贵的意见,我们深表谢意!

中国水利工程协会组织并主持了本套丛书的审定工作,有关领导给予了大力支持,特邀专家们也都提出了修改意见和指导性建议,在此表示衷心感谢!

由于水利水电施工技术和工艺正在不断地进步和提高,而编写人员所收集、掌握的资料和专业技术水平毕竟有限,书中难免有很多不妥之处乃至错误,恳请广大的读者、专家和工程技术人员不吝指正,以便再版时增补订正。

让我们不忘初心,继续前行,携手共创水利水电工程建设事业美好明天!

《水利水电工程施工实用手册》编委会

2017 年 10 月 12 日

目 录

第一章

混凝土材料

第一节　混凝土组成材料

一、水泥

水泥是加水拌和成塑性浆体，能胶结砂石等材料，并能在空气和水中硬化的粉状水硬性胶凝材料。按所含化学成分的不同，可分为硅酸盐系水泥、铝酸盐系水泥、硫铝酸盐系水泥及铁铝酸盐系水泥等，其中以硅酸盐系水泥应用最广；按水泥的用途及性能，可分为通用水泥、专用水泥与特种水泥三类。

1. 硅酸盐水泥

根据现行国家标准《通用硅酸盐水泥》(GB 175—2007)(2015 年版)的规定，以硅酸盐水泥熟料和适量的石膏及规定的混合材料制成的水硬性胶凝材料，都称为硅酸盐水泥(即国外通称的波特兰水泥)。硅酸盐水泥可分为两种类型：不掺加混合材料的称 Ⅰ 型硅酸盐水泥，代号 P·Ⅰ；在硅酸盐水泥熟料粉磨时掺加不超过水泥质量 5% 的石灰石或粒化高炉矿渣混合材料的称 Ⅱ 型硅酸盐水泥，代号 P·Ⅱ。

(1) 硅酸盐水泥的原料及生产。硅酸盐水泥的原料主要是石灰质原料和黏土质原料。石灰质原料有石灰石、白垩等，主要提供 CaO；黏土质原料有黏土、黄土、页岩等，主要提供 SiO_2、Al_2O_3、Fe_2O_3。原料配合比例的确定，应满足原料中氧化钙含量占 $75\%\sim78\%$，氧化硅、氧化铝及氧化铁含量占 $22\%\sim25\%$。为满足上述各矿物含量要求，原料中常加入富含某种矿物成分的辅助原料，如铁矿石、砂岩等，来校正二氧化硅、氧化铁的不足。此外，为改善水泥的烧成性能或使用性能，有时还可掺加少量的添加剂(如萤石等)。

硅酸盐水泥的生产过程主要分为制备生料、煅烧熟料、粉磨水泥三个阶段，该生产工艺过程可概括为"两磨一烧"，如图1-1所示。生产水泥时首先将几种原料按适当比例混合后磨细，制成生料。然后将生料入窑进行高温煅烧，得到以硅酸钙为主要成分的水泥熟料。熟料和适量的石膏，或再加入少量的石灰石或粒化高炉矿渣共同在球磨机中研磨成细粉，即可得到硅酸盐水泥。

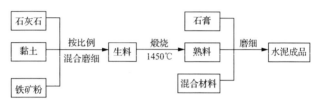

图1-1 硅酸盐水泥生产工艺示意图

按生料制备方法不同可分为湿法和干法。由于干法比湿法产量高，且节省能源，是目前水泥生产的常用方法。

(2)硅酸盐水泥熟料的矿物组成及其特性。以适当成分的生料，煅烧至部分熔融而得到的以硅酸钙为主要成分的物质称为硅酸盐水泥熟料。硅酸盐水泥熟料主要由四种矿物组成，其名称和含量范围见表1-1。

表 1-1　　　　　**水泥熟料的主要矿物组成及含量**

矿物成分名称	基本化学组成	矿物简称	一般含量范围
硅酸三钙	$3CaO \cdot SiO_2$	C_3S	$37\% \sim 60\%$
硅酸二钙	$2CaO \cdot SiO_2$	C_2S	$15\% \sim 37\%$
铝酸三钙	$3CaO \cdot Al_2O_3$	C_3A	$7\% \sim 15\%$
铁铝酸四钙	$4CaO \cdot Al_2O_3 \cdot Fe_2O_3$	C_4AF	$10\% \sim 18\%$

在硅酸盐水泥熟料的4种矿物组成中，C_3S和C_2S的含量为$75\% \sim 82\%$，C_3A和C_4AF的含量仅为$18\% \sim 25\%$。除以上4种主要矿物成分外，水泥熟料中还含有少量的SO_3、

游离 CaO、游离 MgO 和碱（K_2O、Na_2O），这些成分均为有害成分，国家标准对其含量有严格限制。

不同的矿物成分单独与水作用时，在水化速度、放热量及强度等方面都表现出不同的特性。四种主要矿物成分单独与水作用的主要特性如下：

C_3S 的水化速率较快，水化热较大，且主要在早期放出。强度最高，且能不断得到增长，是决定水泥强度等级高低的最主要矿物。

C_2S 的水化速率最慢，水化热最小，且主要在后期放出。早期强度不高，但后期强度增长率较高，是保证水泥后期强度增长的主要矿物。

C_3A 的水化速率极快，水化热最大，且主要在早期放出，硬化时体积减缩也最大。早期强度增长率很快，但强度不高，而且以后几乎不再增长，甚至降低。

C_4AF 的水化速率较快，仅次于 C_3A。水化热中等，强度较低。脆性比其他矿物小，当含量增多时，有助于水泥抗拉强度的提高。

由上述可知，几种矿物质成分的性质不同，改变它们在熟料中的相对含量，水泥的技术性质也随之改变。例如提高 C_3S 含量，可制成高强度水泥，降低 C_3A 和 C_3S 含量，可制成低热或中热硅酸盐水泥。水泥熟料的组成成分及各组分的比例是影响硅酸盐系水泥性能的最主要因素。因此，掌握硅酸盐水泥熟料中各矿物成分的含量及特性，就可以大致了解该水泥的性能特点。

（3）硅酸盐水泥的水化和凝结硬化。

1）硅酸盐水泥的水化作用。硅酸盐水泥加水后，熟料中各种矿物与水作用，生成一系列新的化合物，称为水化。生成的新化合物称为水化生成物。

①硅酸三钙水化。C_3S 与水作用，生成水化硅酸钙（简写成 C-S-H）和氢氧化钙，反应式如下：

$$2(3CaO \cdot SiO_2) + 6H_2O = 3CaO \cdot 2SiO_2 \cdot 3H_2O + 3Ca(OH)_2$$
（水化硅酸钙凝胶）　　　（氢氧化钙晶体）

硅酸三钙水化反应快,水化放热量大,生成的水化硅酸钙几乎不溶于水,而以胶体微粒析出,并逐渐凝聚成凝胶。反应生成的氢氧化钙很快在溶液中达到饱和,呈六方板状晶体析出。硅酸三钙早期和后期强度均高,是保证强度的主要成分。但生成的氢氧化钙易溶于水、易与酸反应,所以抗侵蚀能力较差。

②硅酸二钙水化。C_2S 与水作用,生成水化硅酸钙和氢氧化钙,反应式如下:

$$2(2CaO \cdot SiO_2) + 4H_2O = 3CaO \cdot 2SiO_2 \cdot 3H_2O + Ca(OH)_2$$

硅酸二钙水化反应最慢,水化放热量小,早期强度低,但后期强度发展最快,强度高,因此,硅酸二钙是保证后期强度的主要成分。由于水化时生成氢氧化钙很少,其抗侵蚀能力高。

③铝酸三钙水化。C_3A 与水作用,生成水化铝酸钙,其反应式如下:

$$3CaO \cdot Al_2O_3 + 6H_2O = 3CaO \cdot Al_2O_3 \cdot 6H_2O$$
$$\text{(水化铝酸钙晶体)}$$

铝酸三钙水化反应速度最快,水化放热量最大,早期强度发展最快,但强度低,增长也甚微。由于本身易受硫酸盐侵蚀,所以铝酸三钙抗侵蚀性能最差。因铝酸三钙与水反应迅速,造成水泥速凝,将影响施工。因此,在水泥磨细时加入适量石膏,石膏与水化铝酸钙反应生成高硫型水化硫铝酸钙,又称钙矾石(AFt),反应式如下:

$$3CaO \cdot Al_2O_3 \cdot 6H_2O + 3(CaSO_4 \cdot 2H_2O) + 19H_2O$$
$$= 3CaO \cdot Al_2O_3 \cdot 3CaSO_4 \cdot 31H_2O$$
$$\text{(高硫型水化硫铝酸钙晶体)}$$

水化硫铝酸钙是难溶于水的针状晶体,沉积在熟料颗粒的表面形成保护膜,阻止水分向颗粒内部渗入,从而阻碍了铝酸三钙的水化反应,起到了延缓水泥凝结的作用。

④铁铝酸四钙水化。C_4AF 与水作用,生成水化铝酸钙和水化铁酸钙。其反应式如下:

$$4CaO \cdot Al_2O_3 \cdot Fe_2O_3 + 7H_2O$$

$$= 3CaO \cdot Al_2O_3 \cdot 6H_2O + CaO \cdot Fe_2O_3 \cdot H_2O$$
（水化铁酸钙凝胶）

铁铝酸四钙水化反应快,水化放热量中等,但强度较低,后期增长甚少。

综上所述,如果忽略一些次要的成分,则硅酸盐水泥与水作用后生成的主要水化产物为:水化硅酸钙和水化铁酸钙凝胶、氢氧化钙、水化铝酸钙和水化硫铝酸钙晶体。在完全水化的水泥石构成成分中,水化硅酸钙约占 70%,氢氧化钙约占 20%,钙矾石和单硫型水化铝酸钙约占 7%。若混合材料较多时,还可能有相当数量的其他硅酸盐凝胶。

从硅酸盐系水泥的水化、凝结与硬化过程来看,水泥水化反应的放热量较大,放热周期也较长;但大部分（50% 以上）热量集中在前 3d 以内,主要表现为凝结硬化初期的放热量最为明显。显然,水泥水化热的多少及放热速率的大小主要决定于水泥熟料的矿物组成及混合材料的多少。当其中 C_3A 含量较高时,水泥在凝结硬化初期的水化热与水化速率较大,从而表现出凝结与硬化速度较快;而 C_2S 含量较高或混合材料较多时,则水泥在凝结硬化初期的水化热和水化放热速率较小,从而也表现出凝结与硬化速度较慢。

2) 硅酸盐水泥的凝结硬化。硅酸盐水泥加水拌和后,最初形成具有可塑性的浆体,然后逐渐变稠失去塑性,这一过程称为初凝,开始具有强度时称为终凝,由初凝到终凝的过程为凝结。终凝后强度逐渐提高,并变成坚固的石状物体——水泥石,这一过程是硬化。水泥凝结硬化的具体过程一般如下:

水泥加水拌和后,水泥颗粒分散于水中,成为水泥浆体。水泥的水化反应首先在水泥颗粒表面进行,生成的水化产物立即溶于水中。这时,水泥颗粒又暴露出一层新的表面,水化反应继续进行。由于各种水化产物溶解度很小,水化产物的生成速度大于水化产物向溶液中扩散速度,所以很快使水泥颗粒周围液相中的水化产物浓度达到饱和或过饱和状态,并从溶液中析出，包在水泥颗粒表面。水化产物中的氢氧化钙、水化铝酸钙和水化硫铝酸钙是结晶程度较高的物质，而数量多的水化硅酸钙则是大小为 10~1000 埃（1 埃＝10^{-8} cm）的粒子（或微晶），比表面积大，相当于胶体物质，胶体凝聚便形成凝胶。以水化硅酸钙凝胶为主体，其中分布着氢氧化钙晶体的结构，通常称为凝胶体。

水化开始时，由于水泥颗粒表面覆盖了一层以水化硅酸钙凝胶为主的膜层，阻碍了水泥颗粒与水的接触，有相当长一段时间（1~2h）水化十分缓慢。在此期间，由于水化物尚不多，包有凝胶体膜层的水泥颗粒之间还是分离的，相互之间引力较小，所以水泥浆基本保持塑性。

随着水泥颗粒不断水化，凝胶体膜层不断增厚而破裂，并继续扩展，在水泥颗粒之间形成了网状结构，水泥浆体逐渐变稠，黏度不断增大，渐渐失去塑性，这就是水泥的凝结过程。凝结后，水泥水化仍在继续进行。随着水化产物的不断增加，水泥颗粒之间的毛细孔不断被填实，加之水化产物中的氢氧化钙晶体、水化铝酸钙晶体不断贯穿于水化硅酸钙等凝胶体之中，逐渐形成了具有一定强度的水泥石，从而进入了硬化阶段。水化产物的进一步增加，水分的不断丧失，使水泥石的强度不断发展。硬化期是一个相当长的时间过程，在适当的养护条件下，水泥硬化可以持续几年甚至几十年。水泥浆的凝结硬化过程如图 1-2 所示。

随着凝胶体膜层的逐渐增厚，水泥颗粒内部的水化越来越困难，经过较长时间（几个月甚至若干年）的水化以后，除原来极细的水泥颗粒被完全水化外，仍存在大量尚未水化的水泥颗粒内核。因此，硬化后的水泥石是由各种水化物（凝胶和晶体）、未水化的水泥颗粒内核、毛细孔与水所组成的多相不匀质结构体，并随着不同时期相对数量的变化，而使水泥石的结构不断改变，从而表现为水泥石的性质也在不断变化。

3）影响硅酸盐水泥凝结硬化的主要因素。

①水泥熟料矿物组成。水泥的组成成分及各组分的比

(a) 分散在水中未水化
的水泥颗粒

(b) 在水泥颗粒表面
形成水化物膜层

(c) 膜层长大并出现
网状构造(凝胶)

(d) 水化物逐步发展，
填充毛细孔(硬化)

图 1-2　水泥凝结硬化过程示意图

1—水泥颗粒；2—水分；3—凝胶；4—晶体；

5—水泥颗粒的未水化内核；6—毛细孔

例是影响硅酸盐系水泥凝结硬化的最重要内在因素。一般来讲，水泥中混合材料的增加或熟料含量的减少，将使水泥的水化热降低和凝结时间延长，并使其早期强度降低。如水泥熟料中 C_2S 与 C_3A 含量的提高，将使水泥的凝结硬化加快，早期强度较高，同时水化热也多集中在早期。

②水泥颗粒细度。水泥颗粒越细，水泥比表面积（单位质量水泥颗粒的总表面积）越大，与水的接触面积也大，因此，其水化速度就越快，从而表现为水泥浆的凝结硬化加快，早期强度较高。但水泥颗粒过细时，其硬化时产生的体积收缩也较大，同时会增加磨细的能耗和提高成本，且不宜久存。

③石膏掺量。石膏是作为延缓水泥凝结时间的组分而掺入水泥的。若石膏加入量过多，会导致水泥石的膨胀性破坏；过少则达不到缓凝的目的。石膏的掺入量一般为水泥成品质量的 3%～5%。

④水泥浆的水灰比。拌和水泥浆时，水与水泥的质量之

比称为水灰比(W/C)。在满足水泥水化需水量时(25%左右)的情况下,加水量增大时水灰比较大,此时水泥的初期水化反应得以充分进行;但水泥颗粒间被水隔开的距离较远,颗粒间相互连接形成骨架结构所需的凝结时间长,因此水泥浆凝结硬化较慢。而且多余的水在硬化的水泥石内形成毛细孔隙,降低了水泥石的强度。

⑤养护条件(环境温度、湿度)。水泥水化反应的速度与环境温度有关。通常,温度升高,水泥的水化反应加速,从而使其凝结硬化速度加快,强度增长加快,早期强度提高;相反,温度降低,则水化反应减慢,水泥的凝结硬化速度变慢,早期强度低,但因生成的水化产物较致密而可以获得较高的最终强度。当温度降到0℃以下,水泥的水化反应基本停止,强度不仅不增长,甚至会因水结冰而导致水泥石结构破坏。实际工程中,常通过蒸汽养护来加速水泥制品的凝结硬化过程,但高温养护往往导致水泥后期强度增长缓慢,甚至下降。

水泥是水硬性胶凝材料,其矿物成分发生水化与凝结硬化的前提是必须有足够的水分存在。因此,水泥石结构早期必须注意养护,只有其保持潮湿状态,才有利于早期强度的发展。否则,若缺少水分,不仅会导致水泥水化的停止,甚至还会导致过大的早期收缩而使水泥石结构产生开裂。

⑥龄期。水泥浆的凝结硬化是随着龄期(天数)延长而发展的过程。随着时间的增加,水化程度提高,凝胶体不断增多,毛细孔减少,水泥石强度不断增加。只要温度、湿度适宜,水泥强度的增长可持续若干年。水泥石强度发展的一般规律是:3～7d内强度增长最快,28d内强度增长较快,超过28d后强度将继续发展但增长较慢。

⑦外加剂。在水泥中加入促凝剂,能加速水泥的凝结,加入缓凝剂使水泥凝结延缓。

(4)硅酸盐水泥的主要技术性质。

1)化学指标。通用硅酸盐水泥的化学指标应符合表1-2规定的要求。

表 1-2　　　　　**通用硅酸盐水泥的化学指标表**

品种	代号	不溶物/% (质量分数)	烧失量/% (质量分数)	三氧化硫/% (质量分数)	氧化镁/% (质量分数)	氯离子/% (质量分数)
硅酸盐水泥	P·Ⅰ	≤0.75	≤3.0	≤3.5	≤5.0ⓐ	≤0.06ⓒ
	P·Ⅱ	≤1.50	≤3.5			
普通硅酸盐水泥	P·O	—	≤5.0			
矿渣硅酸盐水泥	P·S·A	—	—	≤4.0	≤6.0ⓑ	
	P·S·B	—	—		—	
火山灰质硅酸盐水泥	P·P	—	—	≤3.5	≤6.0ⓑ	
粉煤灰硅酸盐水泥	P·F	—	—			
复合硅酸盐水泥	P·C	—	—			

注：ⓐ如果水泥压蒸试验合格,则水泥中氧化镁的含量(质量分数)允许放宽至 6.0%。

ⓑ如果水泥中氧化镁的含量(质量分数)大于 6.0%时,需进行水泥压蒸安定性试验并合格。

ⓒ当有更低要求时,该指标由买卖双方协商确定。

2) 标准稠度用水量。由于加水量的多少,对水泥的一些技术性质(如凝结时间等)的测定值影响很大,故测定这些性质时,必须在一个规定的稠度下进行。这个规定的稠度称为标准稠度。水泥净浆达到标准稠度时所需的拌和水量(以水占水泥质量的百分比表示),称为标准稠度用水量(也称需水量)。

硅酸盐水泥的标准稠度用水量,一般在 24%～30%之间。水泥熟料矿物成分不同时,其标准稠度用水量亦有差别。水泥磨得越细,标准稠度用水量就越大。

水泥标准中,对标准稠度用水量没有提出具体要求。但标准稠度用水量的大小,能在一定程度上影响混凝土的性能。标准稠度用水量较大的水泥,拌制同样稠度的混凝土,加水量也较大,故硬化时收缩较大,硬化后的强度及密实度也较差。因此,当其他条件相同时,水泥标准稠度用水量越小越好。

3）凝结时间。水泥的凝结时间有初凝与终凝之分。初凝时间是指从水泥加水到水泥浆开始失去可塑性所需的时间；终凝时间是指从水泥加水到水泥浆完全失去可塑性，并开始产生强度所需的时间。水泥凝结时间的测定，是以标准稠度的水泥净浆，在规定温度和湿度条件下，用凝结时间测定仪测定。

水泥的凝结时间对混凝土和砂浆的施工有重要的意义。初凝时间不宜过短，以便施工时有足够的时间来完成混凝土和砂浆的搅拌、运输、浇捣或砌筑等操作；终凝时间也不宜过长，是为了使混凝土和砂浆在浇捣或砌筑完毕后能尽快凝结硬化，具有一定的强度，以利于下一道工序的及早进行。

国家标准规定，硅酸盐水泥初凝不小于45min，终凝不大于390min。普通硅酸盐水泥、矿渣硅酸盐水泥、火山灰质硅酸盐水泥、粉煤灰硅酸盐水泥和复合硅酸盐水泥初凝不小于45min，终凝不大于600min。

4）体积安定性。水泥的体积安定性，是指水泥在凝结硬化过程中，体积变化的均匀性。若水泥硬化后体积变化不均匀，即所谓的安定性不良。使用安定性不良的水泥会造成构件产生膨胀性裂缝，降低建筑物质量，甚至引起严重事故。

造成水泥安定性不良的原因主要是，由于熟料中含有过多的游离氧化钙（f-CaO）或游离氧化镁（f-MgO），以及水泥粉磨时掺入的石膏超量。熟料中所含游离氧化钙或游离氧化镁都是过烧的，结构致密，水化很慢，加之被熟料中其他成分所包裹，使得在水泥已经硬化后才进行水化，产生体积膨胀，引起不均匀的体积变化。当石膏掺入量过多时，水泥硬化后，残余石膏与固态水化铝酸钙继续反应生成钙矾石，体积增大约1.5倍，从而导致水泥石开裂。

沸煮能加速f-CaO的水化，国家标准规定用沸煮法检验水泥的体积安定性。其方法是将水泥净浆试饼或雷氏夹试件煮沸3h后，用肉眼观察试饼未发现裂纹，用直尺检查也没有弯曲现象，或测得两个雷氏夹试件的膨胀值的平均值不大于5mm时，则体积安定性合格；反之，则为不合格。当对测定结果有争议时，以雷氏夹法为准。f-MgO 的水化比 f-CaO 更缓慢，尤其压蒸条件下才加速水化；石膏的危害则需长期在常温水中才能发现，两者均不便于快速检验。因此，国家标准规定通用水泥中 MgO 含量不得超过 5％，如经压蒸法检验安定性合格，则 MgO 含量可放宽到 6％；水泥中 SO_3 的含量不得超过 3.5％。

现行国家标准 GB 175—2007（2015 年版）规定，水泥安定性经沸煮法试验必须合格，方可使用。

5）强度及强度等级。水泥的强度是评定其质量的重要指标，也是划分水泥强度等级的依据。

根据现行国家标准《水泥胶砂强度检验方法（ISO 法）》（GB/T 17671—1999）规定，测定水泥强度时应将水泥、标准砂和水按质量比以 1∶3∶0.5 混合，按规定的方法制成 40mm×40mm×160mm 的试件，在标准温度（20±1）℃的水中养护，分别测定其 3d 和 28d 的抗折强度和抗压强度。根据测定结果，普通硅酸盐水泥分为 42.5、42.5R、52.5、52.5R 4 个强度等级，矿渣硅酸盐水泥、火山灰质硅酸盐水泥、粉煤灰硅酸盐水泥分为 32.5、32.5R、42.5、42.5R、52.5、52.5R 6 个强度等级，复合硅酸盐水泥分为 32.5R、42.5、42.5R、52.5、52.5R 5 个强度等级。此外，依据水泥 3d 的不同强度又分为普通型和早强型两种类型，其中有代号为 R 者为早强型水泥。各等级、各类通用硅酸盐水泥的各龄期强度应符合表 1-3 的要求。

6）细度。细度是指水泥颗粒的粗细程度，是检定水泥品质的选择性指标。

水泥颗粒的粗细直接影响水泥的需水量、凝结硬化及强度。水泥颗粒越细，与水起反应的比表面积越大，水化较快，早期强度及后期强度都较高。但水泥颗粒过细，研磨水泥能耗大，成本也较高，且易与空气中的水分及二氧化碳起反应，不宜久置，硬化时收缩也较大。若水泥颗粒过粗，则不利于水泥活性的发挥。

表 1-3　　　　　　　　　通用硅酸盐水泥的强度要求

品种	强度等级	抗压强度/MPa		抗折强度/MPa	
		3d	28d	3d	28d
硅酸盐水泥	42.5	≥17.0	≥42.5	≥3.5	≥6.5
	42.5R	≥22.0		≥4.0	
	52.5	≥23.0	≥52.5	≥4.0	≥7.0
	52.5R	≥27.0		≥5.0	
	62.5	≥28.0	≥62.5	≥5.0	≥8.0
	62.5R	≥32.0		≥5.5	
普通硅酸盐水泥	42.5	≥17.0	≥42.5	≥3.5	≥6.5
	42.5R	≥22.0		≥4.0	
	52.5	≥23.0	≥52.5	≥4.0	≥7.0
	52.5R	≥27.0		≥5.0	
矿渣硅酸盐水泥 火山灰质硅酸盐水泥 粉煤灰硅酸盐水泥	32.5	≥10.0	≥32.5	≥2.5	≥5.5
	32.5R	≥15.0		≥3.5	
	42.5	≥15.0	≥42.5	≥3.5	≥6.5
	42.5R	≥19.0		≥4.0	
	52.5	≥21.0	≥52.5	≥4.0	≥7.0
	52.5R	≥23.0		≥4.5	
复合硅酸盐水泥	32.5R	≥15.0	≥32.5	≥3.5	≥5.5
	42.5	≥15.0	≥42.5	≥3.5	≥6.5
	42.5R	≥19.0		≥4.0	
	52.5	≥21.0	≥52.5	≥4.0	≥7.0
	52.5R	≥23.0		≥4.5	

　　水泥细度可用筛析法和比表面积法来检测。筛析法以 $80\mu m$ 或 $45\mu m$ 方孔筛的筛余量表示水泥细度。比表面积法用 1kg 水泥所具有的总表面积（m^2/kg）来表示水泥细度。为满足工程对水泥性能的要求，国家标准规定，硅酸盐水泥和普通硅酸盐水泥以比表面积表示，不小于 $300m^2/kg$；矿渣硅酸盐水泥、火山灰质硅酸盐水泥、粉煤灰硅酸盐水泥和复合硅酸盐水泥以筛余表示，$80\mu m$ 方孔筛筛余不大于 10% 或

45μm 方孔筛筛余不大于 30%。

7）碱含量。水泥中的碱超过一定含量时，遇上骨料中的活性物质如活性 SiO_2，会生成膨胀性的产物，导致混凝土开裂破坏。为防止发生此类反应，需对水泥中的碱进行控制。现行国家标准 GB 175—2007（2015 年版）中将碱含量定为选择性指标。若使用活性骨料，用户要求提供低碱水泥时，水泥中碱含量按 $Na_2O+0.658K_2O$ 计算的质量百分率应不大于 0.60%，或由买卖双方协商确定。

8）其他指标。

①密度与堆积密度。硅酸盐水泥的密度一般在 3.0～3.2g/cm³ 之间，贮存过久的水泥，密度稍有降低。

水泥在松散状态时的堆积密度，一般在 900～1300kg/m³ 之间，紧密状态时可达 1400～1700kg/m³。

②水化热。水泥在水化过程中所放出的热量，称为水泥的水化热（kJ/kg）。水泥水化热的大部分是在水化热初期（7d 内）放出的，后期放热逐渐减少。

水泥水化热的大小及放热速率，主要决定于水泥熟料的矿物组成及细度等。通常强度等级高的水泥，水化热较大。凡起促凝作用的因素（如加 $CaCl_2$）均可提高早期水化热；反之，凡能减慢水化反应的因素（如加入缓凝剂），则能降低早期水化热。

水泥的这种放热特性，对大体积混凝土建筑物是不利的。它能使建筑物内部与表面产生较大的温差，引起局部拉应力，使混凝土发生裂缝。因此，大体积混凝土工程应采用放热功量较低的水泥。

现行国家标准 GB 175—2007（2015 年版）中规定，化学指标、凝结时间、安定性、强度中的任何一项技术指标不符合标准规定要求时，均为不合格品。水泥的碱含量和细度两项技术指标属于选择性指标，并非必检项目。

（5）水泥石的侵蚀和防止。

1）水泥石的侵蚀。通常情况下，硬化后的硅酸盐水泥具有较强的耐久性。但在某些含侵蚀性物质（酸、强碱、盐类）

的介质中,由于水泥石结构存在开口空隙,有害介质侵入水泥石内部,水泥石中的水化产物与介质中的侵蚀性物质发生物理、化学作用,使已硬化的水泥石结构遭到破坏,强度降低,最终甚至造成建筑物的破坏,这种现象称为水泥石的侵蚀。

根据侵蚀介质的不同,硅酸盐水泥石的几种典型侵蚀作用如下:

①溶出性侵蚀(软水侵蚀)。氢氧化钙结晶体是构成水泥石结构的主要水化产物之一,它需在一定浓度的氢氧化钙溶液中才能稳定存在;如果水泥石结构所处环境的溶液(如软水)中氢氧化钙浓度低于其饱和浓度时,则其中的氢氧化钙将被溶解或分解,从而造成水泥石结构的破坏。

雨水、雪水、蒸馏水、工厂冷凝水及含碳酸盐很少的河水与湖水等都属于软水。当水泥石长期与这些水相接融时,其中的氢氧化钙会被溶出(每升水中能溶氢氧化钙 1.3g 以上)。在静水中或无压的情况下,由于氢氧化钙容易达到饱和,故溶出仅限于表层而对水泥石结构的危害不大。但在流水及压力水的作用下时,其中氢氧化钙会不断被溶解而流失,并使水泥石碱度不断降低,从而引起其他水化产物的分解与溶蚀。如高碱性的水化硅酸盐、水化铝酸盐等可分解成为胶结能力很差的低碱性水化产物,最后导致水泥石结构的破坏,这种现象称为溶析。

当环境水中含有重碳酸盐时,则重碳酸盐可与水泥石中的氢氧化钙产生反应,并生成几乎不溶于水的碳酸钙。其反应式为:

$$Ca(HO)_2 + Ca(HCO_3)_2 \longrightarrow 2CaCO_3 + 2H_2O$$

所生成的碳酸钙沉积在已硬化水泥石中的孔隙内起密实作用,从而可阻止外界水的继续侵入及内部氢氧化钙的扩散析出。因此,对需与软水接触的混凝土,若预先在空气中硬化和存放一段时间后,可使其碳化作用而形成碳酸钙外壳,这将对溶出性侵蚀起到一定的阻止效果。

溶出性侵蚀的强弱程度,与水质的硬度有关。当环境水的水质较硬,即水中重碳酸盐含量较高时,氢氧化钙的溶解度较小,侵蚀性较弱;反之,水质越软,侵蚀性越强。

②盐类侵蚀。

A. 硫酸盐侵蚀。在海水、地下水及盐沼水等矿物水中,常含有大量的硫酸盐类,如硫酸镁（$MgSO_4$）、硫酸钠（Na_2SO_4）及硫酸钙（$CaSO_4$）等,它们对水泥石均有严重的破坏作用。

硫酸盐能与水泥石中的氢氧化钙起反应,生成石膏。石膏在水泥石孔隙中结晶时体积膨胀,使水泥石破坏,更严重的是,石膏与水泥石中的水化铝酸钙起作用,生成水化硫铝酸钙,反应式为:

$$3CaO \cdot Al_2O_3 \cdot 6H_2O + 3(CaSO_4 \cdot 2H_2O) + 19H_2O \longrightarrow$$
$$3CaO \cdot Al_2O_3 \cdot 3CaSO_4 \cdot 31H_2O$$

生成的水化硫铝酸钙,含有大量的结晶水,其体积比原有水化铝酸钙体积增大约 1.5 倍,对水泥石产生巨大的破坏作用。由于水化硫铝酸钙呈针状结晶,故常称之为"水泥杆菌"。

当水中硫酸盐浓度较高时,所生成的硫酸钙还会在孔隙中直接结晶成二水石膏,这也会产生明显的体积膨胀而导致水泥石的开裂破坏。

B. 镁盐侵蚀。在海水、地下水及其他矿物水中,常含有大量的镁盐,主要有硫酸镁及氯化镁等。这些镁盐能与水泥石中的 $Ca(OH)_2$ 发生如下反应:

$$MgSO_4 + Ca(OH)_2 + 2H_2O \longrightarrow CaSO_4 \cdot 2H_2O + Mg(OH)_2$$
$$MgCl_2 + Ca(OH)_2 \longrightarrow CaCl_2 + Mg(OH)_2$$

在生成物中,氯化钙（$CaCl_2$）易溶于水,氢氧化镁[$Mg(OH)_2$]松软无胶结力,石膏则进而产生硫酸盐侵蚀,它们都将破坏水泥石结构。

③酸性侵蚀。

A. 碳酸侵蚀。某些工业污水及地下水中常含有较多的二氧化碳。二氧化碳与水泥石中的氢氧化钙反应生成碳酸钙，碳酸钙与二氧化碳反应生成碳酸氢钙，反应式如下：

$$Ca(OH)_2 + CO_2 + H_2O \longrightarrow CaCO_3 + 2H_2O$$
$$CaCO_3 + CO_2 + H_2O \longrightarrow Ca(HCO_3)_2$$

由于碳酸氢钙易溶于水，若被流动的水带走，化学平衡遭到破坏，反应不断向右边进行，则水泥石中的石灰浓度不断降低，水泥石结构逐渐破坏。

B. 一般酸的侵蚀。在工业废水、地下水、沼泽水中常含有无机酸或有机酸，工业窑炉中的烟气常含有二氧化硫，遇水后生成亚硫酸，这些酸类物质将对水泥石产生不同程度的侵蚀作用。各种酸很容易与水泥石中的氢氧化钙产生中和反应，其作用后的生成物或者易溶于水而流失，或者体积膨胀而在水泥石内造成内应力而导致结构破坏。侵蚀作用最快的无机酸有盐酸、氢氟酸、硝酸、硫酸，有机酸有醋酸、蚁酸和乳酸等。如盐酸和硫酸分别与水泥石中的氢氧化钙作用，反应生成的氯化钙易溶于水，被水带走后，降低了水泥石的石灰浓度，生成的二水石膏在水泥石孔隙中结晶膨胀，使水泥石结构开裂，继而又起硫酸盐的侵蚀作用，其反应式如下：

$$2HCl + Ca(OH)_2 \longrightarrow CaCl_2 + 2H_2O$$
$$H_2SO_4 + Ca(OH)_2 \longrightarrow CaSO_4 \cdot 2H_2O$$

环境水中酸的氢离子浓度越大，即 pH 越小时，则侵蚀性越严重。

④强碱的侵蚀。低浓度或碱性不强的溶液一般对水泥石结构无害，但是，当水泥中铝酸盐含量较高时，遇到强碱（氢氧化钠、氢氧化钾）作用后也可能因被侵蚀而破坏。这是因为氢氧化钠与水泥熟料中未水化的铝酸盐作用时，可生成易溶的铝酸钠，当水泥石被氢氧化钠浸透后再经干燥时，容易与空气中的二氧化碳作用生成碳酸钠，从而在水泥石毛细孔中结晶沉积，最终导致水泥石结构被胀裂。

除上述四种侵蚀类型外，还有糖类、氨盐、纯酒精、动物脂肪、含环烷酸的石油产品等物质对水泥石也有一定的侵蚀作用。

实际上，水泥石的侵蚀是一个极为复杂的物理化学作用过程，在其遭受侵蚀时，很少仅为单一的侵蚀作用，往往是几种同时存在，互相影响。但从水泥石结构本身来说，造成其侵蚀的基本原因一方面是水泥石中存在有易被侵蚀的组分（如其中的氢氧化钙、水化铝酸钙）；另一方面是水泥石本身的结构不密实，往往含有很多毛细孔通道，使得侵蚀性介质易于进出其内部结构。

2）水泥石侵蚀的防止。根据水泥石侵蚀的原因及侵蚀的类型，工程中可采取下列防止措施。

①根据环境介质的侵蚀特性，合理选择水泥的品种。如采用水化产物中氢氧化钙含量较少的水泥，可提高对各种侵蚀作用的抵抗能力；对于具有硫酸盐腐蚀的环境，可采用铝酸三钙含量低于 5% 的抗硫酸盐水泥；另外，掺入适当的混合材料，也可提高水泥对不同侵蚀介质的抵抗能力。

②提高水泥石的密实度。从理论上讲，硅酸盐系水泥水化所需水（化合水）仅为水泥质量的 23% 左右，但工程实际中为满足施工要求，其实际用水量为水泥质量的 40%～70%，其中大部分水分蒸发后会形成连通孔隙，这为侵蚀介质侵入水泥石内部提供了通道，从而加速了水泥石的侵蚀。为此，可采取适当的措施来提高其结构的密实度，以抵抗侵蚀介质的侵入。通过合理的材料配比设计如降低水灰比、掺入某些可堵塞孔隙的物质、改善施工方法，均可以获得均匀密实的水泥石结构，避免或减缓水泥石的侵蚀。

③设置保护层。当环境介质的侵蚀作用较强，或难以利用水泥石结构本身抵抗其侵蚀作用时，可在其表面加做耐腐蚀性强且不易透水的保护区层，隔绝侵蚀性介质，保护原有建筑结构，使之不遭受侵蚀，如耐酸石料、耐酸陶瓷、玻璃、塑料、沥青、涂料、不透水的水泥喷浆层及塑料薄膜防水层等。尽管这些措施的成本通常较高，但其效果却十分有效，均能起到保护作用。

（6）硅酸盐水泥的特性与应用。硅酸盐水泥中的混合材料掺量很少，其特性主要取决于所用水泥熟料矿物的组成与性能。因此，硅酸盐水泥通常具有以下基本特性。

1）水化、凝结与硬化速度快，强度高。硅酸盐水泥中熟料多，即水泥中 C_3S 含量多，水化、凝结硬化快，早期强度与后期强度均高。通常土木工程中所采用的硅酸盐水泥多为强度等级较高的水泥，主要用于要求早强的结构工程，大跨度、高强度、预应力结构等重要结构的混凝土工程。

2）水化热大，且放热较集中。硅酸盐水泥中早期参与水化反应的熟料成分比例高，尤其是其中的 C_3S 和 C_3A 含量更高，使其在凝结硬化过程中的放热反应表现较为剧烈。通常情况下，硅酸盐水泥的早期水化放热量大，放热持续时间也较长；其 3d 内的水化放热量约占其总放热量的 50％，3 个月后可达到总放热量的 90％。因此，硅酸盐水泥适用于冬季施工，不适宜在大体积混凝土等工程中使用。

3）抗冻性好。硅酸盐水泥石具有较高的密实度，且具有对抗冻性有利的孔隙特征，因此抗冻性好，适用于严寒地区遭受反复冻融循环的混凝土工程及干湿交替的部位。

4）耐腐蚀性差。硅酸盐水泥的水化产物中含有较多可被侵蚀的物质（如氢氧化钙等），因此，它不适合用于软水环境或酸性介质环境中的工程，也不适用于经常与流水接触或有压力水作用的工程。

5）耐热性差。随着温度的升高，硅酸盐水泥的硬化结构中的某些组分会产生较明显的变化。当受热温度达到 400～600℃ 时，其水泥中的部分矿物将会产生明显的晶型转变或分解，导致其结构强度显著下降。当温度达到 700～1000℃ 时，其水泥石结构会遭到严重破坏，而表现为强度的严重降低，甚至产生结构崩溃。故硅酸盐水泥不适用于有耐热、高温要求的混凝土工程。

6）干缩性小。硅酸盐水泥在凝结硬化过程中生成大量的水化硅酸钙凝胶，游离水分少，水泥石密实，硬化时干燥收缩小，不易产生干缩性裂纹，可用于干燥环境中的混凝土工程。

7）抗碳化性好。水泥石中 $Ca(OH)_2$ 与空气中的 CO_2 及水的作用称为碳化。硅酸盐水泥水化后,水泥石中含有较多的 $Ca(OH)_2$,因此,抗碳化性好。

8）耐磨性好。硅酸盐水泥强度高,耐磨性好,适用于道路、地面等对耐磨性要求高的工程。

2. 掺混合材料的硅酸盐水泥

（1）混合材料。混合材料是生产水泥时为改善水泥的性能、调节水泥的强度等级而掺入的人工或天然矿物材料,它也称为掺和料。多数硅酸盐水泥品种都掺加有适量的混合材料,这些混合材料与水泥熟料共同磨细后,不仅可调节水泥等级、增加产量、降低成本,还可调整水泥的性能,增加水泥品种,满足不同工程的需要。

①混合材料的分类。混合材料按照在水泥中的性能表现不同,可分为活性混合材料和非活性混合材料两大类,其中活性混合材料用量最大。

A. 活性混合材料。磨细的混合材料与石灰、石膏或硅酸盐水泥混合均匀,加水拌和后,在常温下能发生化学反应,生成具有水硬性的水化产物,这种混合材料称为活性混合材料。对于这类混合材料,常用石灰、石膏等作为激发剂来激发其潜在反应能力从而提高胶凝能力。常用的活性混合材料有粒化高炉矿渣、火山灰质混合材料及粉煤灰等。

B. 非活性混合材料。凡常温下与石灰、石膏或硅酸盐水泥一起,加水拌和后不能发生水化反应或反应甚微,不能生成水硬性产物的混合材料称为非活性混合材料。水泥中掺加非活性混合材料后可以调节水泥的强度等级、降低水化热等,并增加水泥产量。常用的非活性混合材料有石灰石粉、磨细石英砂、慢冷矿渣及黏土等。此外,凡活性未达到规定要求的高炉矿渣、火山灰质混合材料及粉煤灰等也可作为非活性混合材料使用。

②活性混合材料的水化。活性混合材料主要化学成分为活性 SiO_2 和活性 Al_2O_3,这些活性混合材料本身虽难于产

生水化反应，无胶凝性，但在氢氧化钙或石膏等溶液中，却能产生明显的水化反应，生成水化硅酸钙和水化铝酸钙，其反应式如下：

$$xCa(OH)_2 + SiO_2 + mH_2O \Longrightarrow xCaO \cdot SiO_2 \cdot (x+m)H_2O$$

$$yCa(OH)_2 + Al_2O_3 + nH_2O \Longrightarrow yCaO \cdot Al_2O_3 \cdot (y+n)H_2O$$

当液相中有石膏存在时，将与水化铝酸钙反应生成水化硫铝酸钙。水泥熟料的水化产物 $Ca(OH)_2$ 和熟料中的石膏具备了使活性混合材料发挥活性的条件，即 $Ca(OH)_2$ 和石膏起着激发水化、促进水泥硬化的作用，故称为激发剂。

掺活性混合材料的硅酸盐水泥与水拌和后，首先是水泥熟料水化，生成氢氧化钙。然后，氢氧化钙与掺入的石膏作为活性混合材料的激发剂，产生上述的反应（称二次水化反应）。二次水化反应速度较慢，对温度反应敏感。

（2）掺混合材料的硅酸盐水泥。在硅酸盐水泥熟料中掺入不同种类的混合材料，可制成性能不同的掺混合材料的通用硅酸盐水泥。常用的有普通硅酸盐水泥、矿渣硅酸盐水泥、火山灰质硅酸盐水泥、粉煤灰硅酸盐水泥及复合硅酸盐水泥。

1）普通硅酸盐水泥。根据现行国家标准 GB 175—2007（2015 年版），普通硅酸盐水泥的定义是：凡由硅酸盐水泥熟料、5%～20%混合材料、适量石膏磨细制成的水硬性凝材料，称为普通硅酸盐水泥（简称普通水泥），代号 P·O。掺活性混合材料时，最大掺量不得超过 20%，其中允许用不超过水泥质量 5%的窑灰或不超过水泥质量 8%的非活性混合材料来代替。

普通硅酸盐水泥的成分中，绝大部分仍是硅酸盐水泥熟料，故其基本特性与硅酸盐水泥相近。但由于普通硅酸盐水泥中掺入了少量混合材料，故某些性能与硅酸盐水泥比较，又稍有些差异。普通水泥的早期硬化速度稍慢，强度略低。同时，普通水泥的抗冻、耐磨等性能也较硅酸盐水泥稍差。

2）矿渣硅酸盐水泥。根据现行国家标准 GB 175—2007

（2015 年版）的规定,矿渣硅酸盐水泥的定义是:凡由硅酸盐水泥熟料和粒化高炉矿渣、适量石膏磨细制成的水硬性胶凝材料,称为矿渣硅酸盐水泥（简称矿渣水泥）,代号为 P·S。矿渣水泥中粒化高炉矿渣掺量按质量百分比计为 20%～70%,按掺量不同分为 A 型和 B 型两种。A 型矿渣水泥的矿渣掺量为 20%～50%,其代号 P·S·A;B 型矿渣水泥的矿渣掺量为 50%～70%,其代号 P·S·B。允许用石灰石、窑灰和火山灰质混合材料中的一种材料代替矿渣,代替总量不得超过水泥质量的 8%,替代后水泥中的粒化高炉矿渣不得少于 20%。

　　矿渣水泥加水后,首先是水泥熟料颗粒开始水化,继而矿渣受熟料水化时所析出的 $Ca(OH)_2$ 的激发,活性 SiO_2、Al_2O_3 即与 $Ca(OH)_2$ 作用形成具有胶凝性能的水化硅酸钙和水化铝酸钙。

　　3) 火山灰质硅酸盐水泥。根据现行国家标准 GB 175—2007（2015 年版）的规定,火山灰质硅酸盐水泥的定义是:凡由硅酸盐水泥熟料和火山灰质混合材料、适量石膏磨细制成的水硬性胶凝性材料,称为火山灰质硅酸盐水泥（简称火山灰水泥）,代号 P·P。水泥中火山灰质混凝材料掺量按质量百分比计为 20%～40%。

　　4) 粉煤灰硅酸盐水泥。根据现行国家标准 GB 175—2007（2015 年版）的规定,粉煤灰硅酸盐水泥的定义是:凡由硅酸盐水泥熟料和粉煤灰、适量石膏磨细制成的水硬性胶凝材料,称为粉煤灰硅酸盐水泥（简称粉煤灰水泥）,代号 P·F。水泥中粉煤灰掺量按质量百分比计为 20%～40%。粉煤灰水泥对细度、凝结时间及体积安定性的技术要求与矿渣硅酸盐水泥相同。

　　5) 复合硅酸盐水泥。根据现行国家标准 GB 175—2007（2015 年版）的规定,复合硅酸盐水泥的定义是:凡由硅酸盐水泥熟料、两种或两种以上规定的混合材料、适量石膏磨细制成的水硬性胶凝性材料,称为复合硅酸盐水泥（简称复合水泥）,代号 P·C。水泥中混合材料总掺量按质量百分比计应大于 20%,但不超过 50%。水泥中允许用不超过 8%的窑灰代替部分混合材料;掺矿渣时混合材料掺量不得与矿渣水泥重复。

用于掺入复合水泥的混合材料有多种。除符合国家标准的粒化高炉矿渣、粉煤灰及火山灰质混合材料外,还可掺用符合标准的粒化精炼铁渣、粒化增钙液态渣、各种新开发的活性混合性材料以及各种非活性混合性材料。因此,复合水泥更加扩大了混合材料的使用范围,既利用了混合材料资源,缓解了工业废渣的污染问题,又大大降低了水泥的生产成本。

复合硅酸盐水泥同时掺入两种或两种以上的混合材料,它们在水泥中不是每种混合材料作用的简单叠加,而是相互补充。如矿渣与石灰石复掺,使水泥既有较高的早期强度,又有较高的后期强度增长率;又如火山灰与矿渣复掺,可有效地减少水泥的需水性。水泥中同时掺入两种或多种混合材料,可更好地发挥混合材料各自的优良特性,使水泥性能得到全面改善。

根据现行国家标准 GB 175—2007(2015 年版),复合水泥对细度、凝结时间及体积安定性的技术要求与矿渣硅酸盐水泥相同。

为方便水泥的选用,不同品种的通用硅酸盐系水泥的主要特性和适用环境与选用原则见表 1-4 和表 1-5。

3. 其他品种水泥

(1) 中、低热硅酸盐水泥及低热矿渣硅酸盐水泥。这三种水泥是适用于要求水化热较低的大坝和大体积混凝土工程的水泥。根据现行国家标准《中热硅酸盐水泥 低热硅酸盐水泥 低热矿渣硅酸盐水泥》(GB 200—2003)的规定,这三种水泥的定义如下:

1) 中热硅酸盐水泥:以适当成分的硅酸盐水泥熟料,加入适量石膏,磨细制成的具有中等水化热的水硬性胶凝材料,称为中热硅酸盐水泥(简称中热水泥),代号 P·MH。

表 1-4　　　　　　　　　通用硅酸盐水泥的特性

项目	硅酸盐水泥	普通水泥	矿渣水泥	火山灰水泥	粉煤灰水泥	复合水泥
性质	1. 早期、后期强度高; 2. 水化热大; 3. 抗冻性好; 4. 耐腐蚀性差; 5. 耐热性差; 6. 干缩性小; 7. 抗碳化性好; 8. 耐磨性好	1. 早期强度较高; 2. 水化热较大; 3. 抗冻性较好; 4. 耐腐蚀性较差; 5. 耐热性较差; 6. 干缩性小; 7. 抗碳化性较好; 8. 耐磨性较好; 9. 抗渗性较好	**共性** 1. 凝结硬化慢; 2. 早期强度低,后期强度增长较快; 3. 水化热较低; 4. 抗冻性差; 5. 耐腐蚀性较好; 6. 抗碳化性较差; 7. 对温、湿度敏感,适合蒸汽养护、高温养护 **特性**			
			1. 耐热性好; 2. 泌水性大、抗渗性差; 3. 干缩性较大	1. 保水性好、抗渗性好; 2. 干缩性大; 3. 耐磨性差	1. 干缩性小; 2. 抗裂性好; 3. 泌水性大、抗渗性差; 4. 耐磨性差	与所掺混合材料的种类、掺量有关

表 1-5　　不同品种的通用硅酸盐系水泥适用环境与选用原则

	工程特点及所处环境	优先选用	可以选用	不宜选用
普通混凝土	1　在一般气候环境中混凝土	普通水泥	矿渣水泥、火山灰水泥、粉煤灰水泥、复合水泥	—
	2　在干燥环境中混凝土	普通水泥	粉煤灰水泥	火山灰水泥、矿渣水泥
	3　在高湿环境中或长期处于水中的混凝土	矿渣水泥、火山灰水泥、粉煤灰水泥、复合水泥	普通水泥	—
	4　大体积混凝土	中热水泥、低热水泥、矿渣水泥、火山灰水泥、粉煤灰水泥、复合水泥	普通水泥	硅酸盐水泥

		工程特点及所处环境	优先选用	可以选用	不宜选用
有特殊要求的混凝土	1	要求快硬、高强的混凝土	硅酸盐水泥	普通水泥	矿渣水泥、火山灰水泥、粉煤灰水泥、复合水泥
	2	严寒地区的露天混凝土,寒冷地区处于水位升降范围内的混凝土	普通水泥	矿渣水泥(强度等级>32.5)	火山灰水泥、粉煤灰水泥
	3	严寒地区处于水位升降范围内的混凝土	普通水泥(强度等级>42.5)	—	矿渣水泥、火山灰水泥、粉煤灰水泥、复合水泥
	4	有抗渗要求的混凝土	普通水泥、火山灰水泥	—	矿渣水泥、粉煤灰水泥
	5	有耐磨性要求的混凝土	硅酸盐水泥、普通水泥	矿渣水泥(强度等级>32.5)	火山灰水泥、粉煤灰水泥
	6	受侵蚀性介质作用的混凝土	矿渣水泥、火山灰水泥、粉煤灰水泥、复合水泥	—	硅酸盐水泥、普通水泥

2) 低热硅酸盐水泥:以适当成分的硅酸盐水泥熟料,加入适量石膏,磨细制成的具有低水化热的水硬性胶凝材料,称为低热硅酸盐水泥(简称低热水泥),代号 P·LH。

3) 低热矿渣硅酸盐水泥:以适当成分的硅酸盐水泥熟料,加入粒化高炉矿渣、适量石膏,磨细制成的具有低水化热的水硬性胶凝材料,称为低热矿渣硅酸盐水泥(简称低热矿渣水泥),代号 P·SLH。低热矿渣水泥中矿渣掺量按质量百分比计为 20%～60%。允许用不超过混合材料总量 50%的粒化电炉磷渣或粉煤灰代替部分粒化高炉矿渣。

中、低热水泥主要适用于大坝溢流面或大体积建筑物的面层和水位变动区等部位,要求较低水化热和较高耐磨性、抗冻性的工程;低热矿渣水泥主要适用于大坝或大体积建筑物内部及水下等要求低水化热的工程。

(2)白水泥和彩色水泥。

1)白色硅酸盐水泥。以适当成分的生料烧至部分熔融,所得以硅酸钙为主要成分、氧化铁含量少的白色硅酸盐熟料,再加入适当石膏及 0～10% 的石灰石或窑灰,磨细制成水硬性胶凝材料称为白色硅酸盐水泥(简称白水泥)。代号 P·W。

2)彩色硅酸盐水泥。凡由硅酸盐水泥熟料及适量石膏(或白色硅酸盐水泥)、混合材及着色剂磨细或混合制成的带有色彩的水硬性胶凝材料称为彩色硅酸盐水泥。为获得所期望的色彩,可采用烧成法或染色法生产彩色水泥。其中烧成法是通过调整水泥生料的成分,使其烧成后生成所需要的彩色水泥;染色法是将硅酸盐水泥熟料(白水泥熟料或普通水泥熟料)、适量石膏和碱性颜料共同磨细而制成的彩色水泥,也可将矿物颜料直接与水泥粉混合而配制成彩色水泥。

(3)膨胀水泥。通用硅酸盐水泥在空气中硬化,通常表现为收缩。由于收缩,混凝土内部会产生裂纹,这样不但降低了水泥石结构的密实性,还影响结构的抗渗、抗冻、耐腐蚀等性能。膨胀水泥是指在硬化过程中能产生体积膨胀的水泥,可克服通用水泥的这个缺点。

膨胀水泥的膨胀作用是由于水化过程中形成大量膨胀性物质(如水化硫铝酸钙等),这一过程是在水泥硬化初期进行的,仅使硬化的水泥体积膨胀,而不至于引起有害内应力。膨胀水泥在硬化过程中,形成比较密实的水泥石结构,故抗渗性较高。因此,膨胀水泥又是一种不透水的水泥。

(4)铝酸盐水泥。凡以铝酸钙为主的铝酸盐水泥熟料,磨细制成的水硬性胶凝材料称为铝酸盐水泥,代号 CA。铝酸盐水泥按 Al_2O_3 含量分为以下 4 类:

CA—50　$(50\% \leqslant Al_2O_3 < 60\%)$

CA—60 （60%≤Al$_2$O$_3$＜68%）

CA—70 （68%≤Al$_2$O$_3$＜77%）

CA—80 （77%≤Al$_2$O$_3$）

（5）道路硅酸盐水泥。凡由适当成分的生料烧至部分熔融，所得以硅酸钙为主要成分和较多的铁铝酸钙的硅酸盐水泥熟料，称为道路硅酸盐水泥熟料。由道路硅酸盐水泥熟料、0～10%活性混合材料和适量石膏磨细制成的水硬性胶凝材料，称为道路硅酸盐水泥（简称道路水泥），代号 P·R。

4. 水泥的验收、运输与贮存

工程中应用水泥，不仅要对水泥品种进行合理选择，质量验收时还要严格把关，妥善进行运输、保管、贮存等也是必不可少的。

（1）验收。

1）包装标志验收。根据供货单位的发货明细表或入库通知单及质量合格证，分别核对水泥包装上所注明的执行标准、水泥品种、代号、强度等级、生产者名称、生产许可证标志（QS）及编号、出厂编号、包装日期、净含量。掺火山灰质混合材料的普通水泥和矿渣水泥还应标上"掺火山灰"字样。包装袋两侧应根据水泥的品种采用不同的颜色印刷水泥名称和强度等级，硅酸盐水泥和普通硅酸盐水泥采用红色，矿渣硅酸盐水泥采用绿色，火山灰质硅酸盐水泥、粉煤灰硅酸盐水泥和复合硅酸盐水泥采用黑色或蓝色。散装发运时应提交与袋装标志相同内容的卡片。

2）数量验收。水泥可以散装或袋装，袋装水泥每袋净含量为 50kg，且应不少于标志质量的 99%；随机抽取 20 袋总质量（含包装袋）应不少于 1000kg。其他包装形式由供需双方协商确定，但有关袋装质量要求，应符合上述规定。

3）质量验收。水泥出厂前按同品种、同强度等级编号和取样。袋装水泥和散装水泥应分别进行编号和取样。每一个编号为一个取样单位。取样应有代表性，可连续取，也可以从 20 个以上不同部位取等量样品，总量至少 12kg。

交货时水泥的质量验收可抽取实物试样以其检验结果

为依据,也可以生产者同编号水泥的检验报告为依据。采取何种方法验收由买卖双方商定,并在合同或协议中注明。

以抽取实物试样的检验结果为验收依据时,买卖双方应在发货前或交货地共同取样和签封。取样数量为20kg,缩分为二等份。一份由卖方保存40d,一份由买方按标准规定的项目和方法进行检验。在40d以内,买方检验认为产品质量不符合标准要求,而卖方又有异议时,则双方应将卖方保存的另一份试样送省级或省级以上国家认可的水泥质量监督检验机构进行仲裁检验。

以水泥厂同编号水泥的检验报告为验收依据时,在发货前或交货时,买方在同编号水泥中抽取试样,双方共同签封后保存3个月,或委托卖方在同编号水泥中抽取试样,签封后保存3个月。在3个月内,买方对水泥质量有疑问时,买卖双方应将签封的试样送省级或省级以上国家认可的水泥质量监督检验机构进行仲裁检验。

(2) 运输与贮存。

1) 水泥的受潮。水泥是一种具有较大表面积、极易吸湿的材料,在贮运过程中,如与空气接触,则会吸收空气中的水分和二氧化碳而发生部分水化反应和碳化反应,从而导致水泥变质,这种现象称为风化或受潮。受潮水泥由于水化产物的凝结硬化,会出现结粒或结块现象,从而失去活性,导致强度下降,严重的甚至不能用于工程中。

此外,即使水泥不受潮,长期处在大气环境中,其活性也会降低。

2) 水泥的运输和贮存。水泥在运输过程中,要采用防雨、雪措施,在保管中要严防受潮。不同生产厂家、品种、强度等级和出厂日期的水泥应分开贮运,严禁混杂。应先存先用,不可贮存过久。

受潮后的水泥强度逐渐降低、密度也降低、凝结迟缓。水泥强度等级越高,细度越细,吸湿受潮也越快。水泥受潮快慢及受潮程度与保管条件、保管期限及质量有关。一般贮存3个月的水泥,强度降低 10%~25%,贮存 6 个月可降低

25%～40%。通用硅酸盐水泥贮存期为 3 个月。过期水泥应按规定进行取样复验，按实际强度使用。

水泥一般入库存放，贮存水泥的库房必须干燥通风。存放地面应高出室外地面 30cm，距离窗户和墙壁 30cm 以上；袋装水泥堆垛不宜过高，以免下部水泥受压结块，一般 10 袋堆一垛。如存放时间短，库房紧张，也不宜超过 15 袋。露天临时贮存袋装水泥时，应选择地势高、排水条件好的场地，并认真做好上盖下垫，以防止水泥受潮。

贮运散装水泥时，应使用散装水泥罐车运输，采用铁皮罐仓或散装水泥库存放。

二、砂石骨料

混凝土用砂石骨料按粒径大小分为细骨料和粗骨料。按现行行业标准《水利水电工程天然建筑材料勘察规程》(SL 251—2015)，水工混凝土用砂粒径在 0.075mm～5mm 之间的岩石颗粒，称为细骨料；粒径大于 5mm 的颗粒称为粗骨料。骨料在混凝土中起骨架作用和稳定作用，而且其用量所占比例也最大，通常粗、细骨料的总体积要占混凝土总体积的 70%～80%。因此，骨料质量的优劣对混凝土性能影响很大。

为保证混凝土的各项物理性能，骨料技术性能必须满足规定的要求。为获得合理的混凝土内部结构，通常要求所用骨料应具有合理的颗粒级配，其颗粒粗细程度应满足相应的要求；颗粒形状应近似圆形，且应具有较粗糙的表面以利于与水泥浆的黏结。还要求骨料中有害杂质含量较少，骨料的化学性能与物理状态应稳定，且就具有足够的力学强度以使混凝土获得坚固耐久的性能。

1. 砂

（1）砂的种类及其特性。土木工程中常用的砂主要有天然砂或人工砂。

天然砂是由天然岩石经长期风化、水流搬运和分选等自然条件作用而形成的岩石颗粒，但不包括软质岩、风化岩石的颗粒。按其产源不同可分为河砂、湖砂、海砂及山砂。对于河砂、湖砂和海砂，由于长期受水流的冲刷作用，颗粒多呈圆形,表面光滑、洁净,拌制混凝土和易性较好,能减少水泥用量;产源较广;但与水泥的胶结力较差。而海砂中常含有碎贝壳及可溶盐等有害杂质而不利于混凝土结构。山砂是岩体风化后在山涧堆积下来的岩石碎屑,其颗粒多具棱角,表面粗糙,砂中含泥量及有机杂质等有害杂质较多。与水泥胶结力强,但拌制混凝土的和易性较差。水泥用量较多,砂中含杂质也较多。在天然砂中河砂的综合性质最好,是工程中用量最多的细骨料。

根据制作方式的不同,人工砂可分为机制砂和混合砂两种。机制砂是将天然岩石用机械轧碎、筛分后制成的颗粒,其颗粒富有棱角,比较洁净,但砂中片状颗粒及细粉含量较多,且成本较高。混合砂是由机制砂和天然砂混合而成,其技术性能应满足人工砂的要求。当仅靠天然砂不能满足用量需求时,可采用混合砂。

砂按细度模数分为粗、中、细三种规格,其细度模数分别为:

粗:3.7～3.1;

中:3.0～2.3;

细:2.2～1.6。

(2) 混凝土用砂的质量要求。混凝土用砂的质量要求应满足表 1-6 的要求(《水工混凝土施工规范》(SL 677—2014))。

表 1-6　　　　混凝土细骨料质量技术指标

项目		指标	
		天然砂	人工砂
表观密度/(kg/m³)		≥2500	
细度模数		2.2～3.0	2.4～2.8
石粉含量/%		—	6～18
表面含水率/%		≤6	
含泥量/%	设计龄期强度等级≥30MPa 和有抗冻要求的混凝土	≤3	—
	设计龄期强度等级<30MPa	≤5	

项目		指标	
		天然砂	人工砂
坚固性/%	有抗冻和抗侵蚀要求的混凝土	≤8	
	无抗冻要求的混凝土	≤10	
泥块含量		不允许	
硫化物及硫酸盐含量/%		≤1	
云母含量/%		≤2	
轻物质含量/%		≤1	—
有机质含量		浅于标准色	不允许

2. 粗骨料(卵石、碎石)

混凝土中的粗骨料常用的有碎石和卵石。

卵石又称砾石,它是由天然岩石经自然风化、水流搬运和分选、堆积形成的,按其产源可分为河卵石、海卵石及山卵石等几种,其中以河卵石应用较多。卵石中有机杂质含量较多,但与碎石比较,卵石表面光滑,棱角少,空隙率及面积小,拌制的混凝土水泥浆用量少,和易性较好,但与水泥石胶结力差。在相同条件下,卵石混凝土的强度较碎石混凝土低。碎石由天然岩石或卵石经破碎、筛分而成,表面粗糙,棱角多,较洁净,与水泥浆黏结比较牢固。故卵石与碎石各有特点,在实际工程中,应本着满足工程技术要求及经济的原则进行选用。根据标准规定,卵石和碎石的技术指标应符合表1-7、表1-8的规定。

表 1-7　　　　　　　粗骨料的压碎指标值%

骨料类型		设计龄期混凝土抗压强度等级	
		≥30MPa	<30MPa
碎石	沉积岩	≤10	≤16
	变质岩	≤12	≤20
	岩浆岩	≤13	≤30
卵石		≤12	≤16

表 1-8   粗骨料的其他品质要求

项目		指标
表观密度/(kg/m³)		≥2550
吸水率/%	有抗冻要求和侵蚀作用的混凝土	≤1.5
	无抗冻要求的混凝土	≤2.5
含泥量/%	D_{20}、D_{40} 粒径级	≤1
	D_{80}、D_{150} (D_{120}) 粒径级	≤0.5
坚固性/%	有抗冻和抗侵蚀要求的混凝土	≤5
	无抗冻要求的混凝土	≤12
软弱颗粒含量/%	设计龄期强度等级≥30MPa 和有抗冻要求的混凝土	≤5
	设计龄期强度等级<30MPa	≤10

三、混凝土拌和及养护用水

凡可饮用的水,均可用于拌制和养护混凝土。未经处理的工业废水、污水及沼泽水,不能使用。

天然矿化水中含盐量、氯离子及硫酸根离子含量以及 pH 值等化学成分能够满足现行行业标准《混凝土用水标准》(JGJ 63—2006)要求时,也可以用于拌制和养护混凝土(见表 1-9)。

表 1-9   混凝土拌和用水质量要求

项目	钢筋混凝土	素混凝土
pH 值	≥4.5	≥4.5
不溶物/(mg/L)	≤2000	≤5000
可溶物/(mg/L)	≤5000	≤10000
氯化物,以 Cl^- 计/(mg/L)	≤1200	≤3500
硫酸盐,以 SO_4^{2-} 计/(mg/L)	≤2700	≤2700
碱含量/(mg/L)	≤1500	≤1500

注:碱含量按 $Na_2O+0.658K_2O$ 计算值来表示。采用非碱活性骨料时,可不检验碱含量。

四、混凝土外加剂

在拌制混凝土过程中掺入的不超过水泥质量的 5%(特

殊情况除外),且能使混凝土按需要改变性质的物质,称为混凝土外加剂。

混凝土外加剂的种类很多,根据国家标准,混凝土外加剂按主要功能来命名,如普通减水剂、高效减水剂、聚羧酸系高性能减水剂、引气剂、引气减水剂、早强剂、缓凝剂、泵送剂、防冻剂、速凝剂、膨胀剂、防水剂和阻锈剂。以下着重介绍工程中常用的各种减水剂、引气剂、早强剂、缓凝剂及速凝剂。

混凝土外加剂按其主要作用可分为如下四类:

(1)改善混凝土拌和物流变性能的外加剂,包括各种减水剂、引气剂及泵送剂。

(2)调节混凝土凝结硬化性能的外加剂,包括缓凝剂、早强剂及速凝剂等。

(3)改善混凝土耐久性的外加剂,包括引气剂、防水剂、阻锈剂等。

(4)改善混凝土其他特殊性能的外加剂,包括加气剂、膨胀剂、黏结剂、着色剂、防冻剂等。

1. 减水剂

减水剂是指在混凝土坍落度基本相同的条件下,能减少拌和用水量的外加剂。按减水能力及其兼有的功能有:普通减水剂、高效减水剂、早强减水剂及引气减水剂等。减水剂多为亲水性表面活性剂。

常用减水剂有木质素系、萘磺酸盐系(简称萘系)、松脂系、糖密系、聚羧酸系及腐植酸系等,此外还有脂肪族类、氨基苯磺酸类、丙烯酸类减水剂。

混凝土减水剂的掺加方法,有同掺法、后掺法及滞水掺入法等。所谓同掺法,即是将减水剂溶解于拌和用水,并与拌和用水一起加入到混凝土拌和物中。所谓后掺法,就是在混凝土拌和物运送到浇筑地点后,再掺入减水剂或再补充掺入部分减水剂,并再次搅拌后进行浇筑。所谓滞水掺入法,是在混凝土拌和物已经加入搅拌 1～3min 后,再加入减水剂,并继续搅拌到规定的拌和时间。

聚羧酸系高性能减水剂的掺量为胶凝材料总重量的 $0.4\%\sim2.5\%$，常用掺量为 $0.8\%\sim1.5\%$。使用聚羧酸系高性能减水剂时，可以直接以原液形式掺加，也可以配制成一定浓度的溶液使用，并扣除聚羧酸系高性能减水剂自身所带入的水量。

2. 速凝剂

掺入混凝土中能促进混凝土迅速凝结硬化的外加剂称为速凝剂。

通常，速凝剂的主要成分是铝酸钠或碳酸钠等盐类。当混凝土中加入速凝剂后，其中的铝酸钠、碳酸钠等盐类在碱性溶液中迅速与水泥中的石膏反应生成硫酸钠，并使石膏丧失原有的缓凝作用，导致水泥中 C_3A 的迅速水化，促进溶液中水化物晶体的快速析出，从而使混凝土中水泥浆迅速凝固。

目前工程中较常用的速凝剂主要是这些无机盐类，其主要品种有"红星一型"和"711型"。其中，红星一型是由铝氧熟料、碳酸钠、生石灰等按一定比例配制而成的一种粉状物；711型速凝剂是由铝氧熟料与无水石膏按 $3:1$ 的质量比配合粉磨而成的混合物，它们在矿山、隧道、地铁等工程的喷射混凝土施工中最为常用。

3. 早强剂

早强剂是能显著加速混凝土早期强度发展且对后期强度无显著影响的外加剂。按其化学成分分为氯盐类、硫酸盐类、有机胺类及其复合早强剂四类。

4. 引气剂

引气剂是在混凝土搅拌过程中能引入大量独立的、均匀分布、稳定而封闭小气泡的外加剂。按其化学成分分为松香树脂类、烷基苯磺酸类及脂肪醇磺酸盐类三大类，其中以松树脂类应用最广，主要有松香热聚物和松香皂两种。

松香热聚物是由松香、硫酸、苯酚(石炭酸)在较高温度下进行聚合反应，再经氢氧化钠中和而成的物质。松香皂是将松香加入煮沸的氢氧化钠溶液中经搅拌、溶解、皂化而成，其主要成分为松香酸钠。目前,松香热聚物是工程中最常使用和效果最好的引气剂品种之一。

引气剂属于憎水性表面活性剂,其活性作用主要发生在水-气界面上。溶于水中的引气剂掺入新拌混凝土后,能显著降低水的表面张力,使水在搅拌作用下,容易引入空气形成许多微小的气泡。由于引气剂分子定向在气泡表面排列而形成了一层保护膜,且因该膜能够较牢固地吸附着某些水泥水化物而增加了膜层的厚度和强度,使气泡膜壁不易破裂。

掺入引气剂,混凝土中产生的气泡大小均匀,直径在 $20\sim1000\mu m$ 之间,大多在 $200\mu m$ 以下。气泡形成的数量与加入引气剂的品种、性能和掺量有关。大量微细气泡的存在,对混凝土性能产生很大影响,主要体现在以下几个方面:

(1) 有效改善新拌混凝土的和易性。在新拌混凝土中引入的大量微小气泡,相对增加了水泥浆体积,而气泡本身起到了轴承滚珠的作用,使颗粒间摩擦阻力减小,从而提高了新拌混凝土的流动性。同时,由于某种原因水分被均匀地吸附在气泡表面,使其自由流动或聚集趋势受到阻碍,从而使新拌混凝土的泌水率显著降低,黏聚性和保水性明显改善。

(2) 显著提高混凝土的抗渗性和抗冻性。混凝土中大量微小气泡的存在,不仅可堵塞或隔断混凝土中的毛细管渗水通道,而且由于保水性的提高,也减少了混凝土内水分聚集造成的水囊孔隙,因此,可显著提高混凝土的抗渗性。此外,由于大量均匀分布的气泡具有较高的弹性变形能力,它可有效地缓冲孔隙中水分结冰时产生的膨胀应力,从而显著提高混凝土的抗冻性。

(3) 变形能力增大,但强度及耐磨性有所降低。掺入引气剂后,混凝土中大量气泡的存在,可使其弹性模量略有降低,弹性变形能力有所增大,这对提高其抗裂性是有利的。但是,也会使其变形有所增加。

由于混凝土中大量气泡的存在,使其孔隙率增大和有效面积减小,使其强度及耐磨性有所降低。通常,混凝土中含气量每增加 1%，其抗压强度可降低 4%～6%，抗折强度可降低 2%～3%。为防止混凝土强度的显著下降，应严格控制引气剂的掺量，以保证混凝土的含气不致过大。

5. 缓凝剂及缓凝减水剂

能延缓混凝土凝结时间，并对混凝土后期强度发展无不利影响的外加剂，称为缓凝剂，兼有缓凝和减水作用的外加剂称为缓凝减水剂。

我国使用最多的缓凝剂是糖钙、木钙，它具有缓凝及减水作用。其次有羟基羟酸及其盐类，有柠檬酸、酒石酸钾钠等。无机盐类有锌盐、硼酸盐。此外，还有胺盐及其衍生物、纤维素醚等。

缓凝剂适用于要求延缓时间的施工中，如在气温高、运距长的情况下，可防止混凝土拌和物发生过早坍落度损失。又如分层浇筑的混凝土，为防止出现冷缝，也常加入缓凝剂。另外，在大体积混凝土中为了延长放热时间，也可掺入缓凝剂。

6. 防冻剂

防冻剂是掺加入混凝土后，能使其在负温下正常水化硬化，并在规定时间内硬化到一定程度，且不会产生冻害的外加剂。

利用不同成分的综合作用可以获得更好的混凝土抗冻性，因此，工程中常用的混凝土防冻剂往往采用多组分复合而成的防冻剂。其中防冻组分为氯盐类（如 $CaCl_2$、$NaCl$ 等）；氯盐阻锈类（氯盐与亚硝酸钠、铬酸盐、磷酸盐等阻锈剂复合而成）；无氯盐类（硝酸盐、亚硝酸盐、碳酸盐、尿素、乙酸等）。减水、引气、早强等组分则分别采用与减水剂、引气剂和早强剂相近的成分。

应当指出的是，防冻剂的作用效果主要体现在对混凝土早期抗冻性的改善，其使用应慎重，特别应确保其对混凝土后期性能不会产生显著的不利影响。

7. 膨胀剂

掺加入混凝土中后能使其产生补偿收缩或膨胀的外加

剂称为膨胀剂。

普通水泥混凝土硬化过程中的特点之一就是体积收缩，这种收缩会使其物理力学性能受到明显的影响，因此，通过化学的方法使其本身在硬化过程中产生体积膨胀，可以弥补其收缩的影响，从而改善混凝土的综合性能。

工程建设中常用的膨胀剂种类有硫铝酸钙类（如明矾石、UEA膨胀剂等）、氧化钙类及氧化硫铝钙类等。

硫铝酸钙类膨胀剂加入混凝土中以后，其中的无水硫铝酸钙可产生水化并能与水泥水化产物反应，生成三硫型水化硫铝酸钙（钙矾石），使水泥石结构固相体积明显增加而导致宏观体积膨胀。氧化钙类膨胀剂的膨胀作用，主要是利用CaO水化生成$Ca(OH)_2$晶体过程中体积增大的效果，而使混凝土产生结构密实或产生宏观体积膨胀。

8. 外加剂的使用要求

为了保证外加剂的使用效果，确保混凝土工程的质量，在使用外加剂时还应注意以下几个方面的问题：

（1）掺量确定。外加剂品种选定后，需要慎重确定其掺量。掺量过小，往往达不到预期效果。掺量过大，可能会影响混凝土的其他性能，甚至造成严重的质量事故。在没有可靠资料供参考时，其最佳掺量应通过现场试验来确定。

（2）掺入方法选择。外加剂的掺入方法往往对其作用效果具有较大的影响，因此，必须根据外加剂的特点及施工现场的具体情况来选择适宜的掺入方法。若将颗粒状态外加剂与其他固体物料直接投入搅拌机内的分散效果，一般不如混入或溶解于拌和水中的外加剂更容易分散。

（3）施工工序质量控制。对掺有外加剂的混凝土应做好各施工工序的质量控制，尤其是对计量、搅拌、运输、浇筑等工序，必须严格加以要求。

（4）材料保管。外加剂应按不同品种、规格、型号分别存放和严格管理，并有明显标志。尤其是对外观易与其他物质相混淆的无机物盐类外加剂（如$CaCl_2$、Na_2SO_4、$NaNO_2$等）必须妥善保管，以免误食误用，造成中毒或不必要的经济损失。已经结块或沉淀的外加剂在使用前应进行必要的试验以确定其效果,并应进行适当的处理使其恢复均匀分散状态。

五、掺和料

混凝土掺和料是为了改善混凝土性能,节约用水,调节混凝土强度等级,在混凝土拌和时掺入天然的或人工的能改善混凝土性能的粉状矿物质。掺和料可分为活性掺和料和非活性掺和料。活性矿物掺和料本身不硬化或者硬化速度很慢,但能与水泥水化生成氧化钙起反应,生成具有胶凝能力的水化产物,如粉煤灰、粒化高炉矿渣粉、沸石粉、硅灰等。非活性矿物掺和料基本不与水泥组分起反应,如石灰石、磨细石英砂等材料。

常用的混凝土掺和料有粉煤灰、粒化高炉矿渣、火山灰类物质。尤其是粉煤灰、超细粒化电炉矿渣、硅灰等应用效果良好。

活性掺和料在掺有减水剂的情况下,能增加新拌混凝土的流动性、黏聚性、保水性,改善混凝土的可泵性。并能提高硬化混凝土的强度和耐久性。

通常使用的掺和料多为活性矿物掺和料。由于它能够改善混凝土拌和物的和易性,或能够提高混凝土硬化后的密实性、抗渗性和强度等,因此目前较多的土木工程中都或多或少地应用混凝土活性掺和料。特别是随着预拌混凝土、泵送混凝土技术的发展应用,以及环境保护的要求,混凝土掺和料的使用将愈加广泛。

活性矿物掺和料依其来源可分为天然类、人工类和工业废料类(见表 1-10)。

表 1-10　　　　　　　活性矿物掺和料的分类

类别	主要品种
天然类	火山灰、凝灰岩、硅藻土、蛋白石质黏土、钙性黏土、黏土页岩
人工类	煅烧页岩或黏土
工业废料类	粉煤灰、硅灰、沸石粉、水淬高炉矿渣粉、煅烧煤矸石

第二节　混凝土的主要性质

混凝土的主要技术性质包括混凝土拌和物的和易性、凝结特性、硬化混凝土的强度、变形及耐久性。

一、混凝土拌和物的和易性

1. 和易性的意义

将粗细骨料、水泥和水等组分按适当比例配合，并经搅拌均匀而成的塑性混凝土混合材料称为混凝土拌和物。

和易性是指混凝土拌和物在一定施工条件下，便于操作并能获得质量均匀而密实的性能。和易性良好的混凝土在施工操作过程中应具有流动性好、不易产生分层离析或泌水现象等性能，以使其容易获得质量均匀、成型密实的混凝土结构。和易性是一项综合性指标，包括流动性、黏聚性及保水性三个方面的含义。

流动性是指新拌混凝土在自重或机械振捣力的作用下，能产生流动并均匀密实地充满模板的性能。流动性的大小，在外观上表现为新拌混凝土的稀稠，直接影响其浇捣施工的难易和成型的质量。若新拌混凝土太干稠，则难以成型与捣实，且容易造成内部或表面孔洞等缺陷；若新拌混凝土过稀，经振捣后易出现水泥浆和水上浮而石子等颗粒下沉的分层离析现象，影响混凝土的质量均匀性。

黏聚性是混凝土拌和物中各种组成材料之间有较好的黏聚力，在运输和浇筑过程中，不致产生分层离析，使混凝土保持整体均匀的性能。黏聚性差的拌和物中水泥浆或砂浆与石子易分离，混凝土硬化后会出现蜂窝、麻面、空洞等不密实现象，严重影响混凝土的质量。

保水性是指混凝土拌和物保持水分，不易产生泌水的性能。保水性差的拌和物在浇筑的过程中，由于部分水分从混凝土内析出，形成渗水通道；浮在表面的水分，使上、下两混凝土浇筑层之间形成薄弱的夹层；部分水分还会停留在石子及钢筋的下面形成水隙，降低水泥浆与石子之间的胶结力。

这些都将影响混凝土的密实性,从而降低混凝土的强度和耐久性。

2. 和易性的指标及测定方法

由于混凝土拌和物和易性的内涵比较复杂,目前尚无全面反映和易性的测定方法。根据现行国家标准《普通混凝土拌和物性能试验方法标准》(GB/T 50080—2016)规定,用坍落度和维勃稠度来定量地测定混凝土拌和物的流动性大小,并辅以直观经验来定性地判断或评定黏聚性和保水性。

坍落度的测定是将混凝土拌和物按规定的方法分 3 层装入坍落度筒中,如图 1-3 所示,每层插捣 25 次,抹平后将筒垂直提起,混凝土则在自重作用下坍落,用尺量测筒高与坍落后混凝土试体最高点之间的高度差(以 mm 计),即为坍落度。坍落度越大,表示混凝土拌和物的流动性越大。坍落度大于 10 mm 的称为塑性混凝土,其中 10~30mm 的常称为低流动性混凝土;坍落度小于 10mm 的称为干硬性混凝土。混凝土在浇筑时的坍落度见表 1-11。

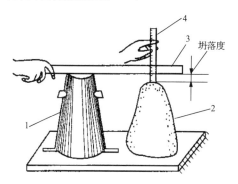

图 1-3　坍落度示意图

1—坍落度筒;2—混凝土;3—直尺;4—标尺

在测定坍落度的同时,应检查混凝土的黏聚性及保水性。黏聚性的检查方法是用捣棒在已坍落的拌和物锥体一侧轻打,若轻打时锥体渐渐下沉,表示黏聚性良好;如果锥体突然倒塌、部分崩裂或发生石子离析,则表示黏聚性不好。

表 1-11 混凝土在浇筑时的坍落度 （单位：mm）

混凝土类别	坍落度
素混凝土	10～40
配筋率不超过 1%的钢筋混凝土	30～60
配筋率超过 1%的钢筋混凝土	50～90
泵送混凝土	140～220

注：在有温度控制要求或高、低温季节浇筑混凝土时，其坍落度可根据实际情况酌量增减。

保水性以混凝土拌和物中稀浆析出的程度评定。提起坍落度筒后，如有较多稀浆从低部析出，拌和物锥体因失浆而骨料外露，表示拌和物的保水性不好。如提起坍落度筒后，无稀浆析出或仅有少量稀浆自底部析出，混凝土锥体含浆饱满，则表示混凝土拌和物保水性良好。

对于干硬性混凝土拌和物，采用维勃稠度（VB）作为和易性指标。将混凝土拌和物按标准方法装入 VB 仪容量桶的坍落度筒内，如图 1-4 所示；缓慢垂直提起坍落筒，将透明圆盘置于拌和物锥体顶面；启动振动台，用秒表测出拌和物受振摊平、振实、透明圆盘的底面完全为水泥浆所布满所经

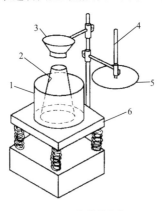

图 1-4 维勃稠度仪

1—容量桶；2—坍落度筒；3—喂料斗；4—测杆；5—透明圆盘；6—振动台

历的时间(以 s 计),即为维勃稠度 VC 值,也称工作度。维勃稠度 VC 值代表拌和物振实所需的能量,时间越短,表明拌和物越易被振实。它能较好地反映混凝土拌和物在振动作用下便于施工的性能。

3. 影响混凝土拌和物和易性的因素

影响拌和物和易性的因素很多,主要有水泥浆含量、水泥浆的稀稠、含砂率的大小、原材料的种类以及外加剂等。

(1)水泥浆含量的影响。在水泥浆稀稠不变,也即混凝土的水用量与水泥用量之比(水灰比)保持不变的条件下,单位体积混凝土内水泥浆含量越多,拌和物的流动性越大。拌和物中除必须有足够的水泥浆包裹骨料颗粒之外,还需要有足够的水泥浆以填充砂、石骨料的空隙并使骨料颗粒之间有足够厚度的润滑层,以减少骨料颗粒之间的摩阻力,使拌和物有一定流动性。但若水泥浆过多,骨料不能将水泥浆很好地保持在拌和物内,混凝土拌和物将会出现流浆、泌水现象,使拌和物的黏聚性及保水性变差。这不仅增加水泥用量,而且还会对混凝土强度及耐久性产生不利影响。因此,混凝土内水泥浆的含量,以使混凝土拌和物达到要求的流动性为准,不应任意加大。

在水灰比不变的条件下,水泥浆含量可用单位体积混凝土的加水量表示。因此,水泥浆含量对拌和物流动性的影响,实质上也是加水量的影响。当加水量增加时,拌和物流动性增大,反之则减小。在实际工程中,为增大拌和物的流动性而增加用水量时,必须保持水灰比不变,相应地增加水泥用量,否则将显著影响混凝土质量。

(2)含砂率的影响。混凝土含砂率(简称砂率)是指砂的用量占砂、石总用量(按质量计)的百分数。混凝土中的砂浆应包裹石子颗粒并填满石子空隙。砂率过小,砂浆量不足,不能在石子周围形成足够的砂浆润滑层,将降低拌和物的流动性。更主要的是严重影响混凝土拌和物的黏聚性及保水性,使石子分离、水泥浆流失,甚至出现溃散现象。砂率过大,石子含量相对过少,骨料的空隙及总表面积都较大,在水灰比及水泥用量一定的条件下,混凝土拌和物显得干稠,流动性显著降低,如图1-5所示;在保持混凝土流动性不变的条件下,会使混凝土的水泥浆用量显著增大,如图1-6所示。因此,混凝土含砂率不能过小,也不能过大,应取合理砂率。

合理砂率是在水灰比及水泥用量一定的条件下,使混凝土拌和物保持良好的黏聚性和保水性并获得最大流动性的含砂率(如图1-5所示)。也即在水灰比一定的条件下,当混凝土拌和物达到要求的流动性,而且具有良好的黏聚性及保水性时,水泥用量最省的含砂率。

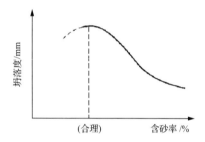

图1-5　砂率与坍落度的关系曲线
（水与水泥用量一定）

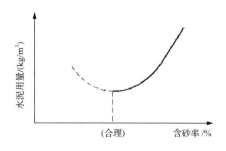

图1-6　砂率与水泥用量的关系曲线
（达到相同的坍落度）

（3）水泥浆稀稠的影响。在水泥品种一定的条件下,水泥浆的稀稠取决于水灰比的大小。当水灰比较小时,水泥浆较稠,拌和物的黏聚性较好,泌水较少,但流动性较小,相反,水灰比较大时,拌和物流动性较大但黏聚性较差,泌水较多。当水灰比小至某一极限值以下时,拌和物过于干稠,在一般施工方法下混凝土不能被浇筑密实。当水灰比大于某一极限值时,拌和物将产生严重的离析、泌水现象,影响混凝土质量。因此,为了使混凝土拌和物能够成型密实,所采用的水灰比值不能过小,为了保证混凝土拌和物具有良好的黏聚性,所采用的水灰比值又不能过大。普通混凝土常用水灰比一般在 0.40~0.75 范围内。在常用水灰比范围内,当混凝土中用水量一定时,水灰比在小的范围内变动对混凝土流动性的影响不大,这称为"需水量定则"或"恒定用水量定则"。其原因是,当水灰比较小时,虽然水泥浆较稠,混凝土流动性较小,但黏聚性较好,可采用较小的砂率值。这样,由于含砂率减小而增大的流动性可补偿由于水泥浆较稠而减少的流动性。当水灰比较大时,为了保证拌和物的黏聚性,需采用较大的砂率值。这样,水泥浆较稀所增大的流动性将被含砂率增大而减小的流动性所抵消。因此,当混凝土单位用水量一定时,水泥用量在 50~100kg/m³ 之间变动时,混凝土的流动性将基本不变。

(4) 其他因素的影响。除上述影响因素外,拌和物和易性还受水泥品种、掺和料品种及掺量、骨料种类、粒形及级配、混凝土外加剂以及混凝土搅拌工艺和环境温度等条件的影响。

水泥需水量大者,拌和物流动性较小,使用矿渣水泥时,混凝土保水性较差。使用火山灰水泥时,混凝土黏聚性较好,但流动性较小。

掺和料的品质及掺量对拌和物的和易性有很大影响,当掺入优质粉煤灰时,可改善拌和物的和易性。掺入质量较差的粉煤灰时,往往使拌和物流动性降低。

粗骨料的颗粒较大、粒形较圆、表面光滑、级配较好时,拌和物流动性较大。使用粗砂时,拌和物黏聚性及保水性较差;使用细砂及特细砂时,混凝土流动性较小。混凝土中掺入某些外加剂,可显著改善拌和物的和易性。

拌和物的流动性还受气温高低、搅拌工艺以及搅拌后拌和物停置时间的长短等施工条件影响。对于掺用外加剂及掺和料的混凝土,这些施工因素的影响更为显著。

4. 混凝土拌和物和易性的选择

工程中选择新拌混凝土和易性时,应根据施工方法、结构构件截面尺寸大小、配筋疏密等条件,并参考有关资料及经验等来确定。对截面尺寸较小、配筋复杂的构件,或采用人工插捣时,应选择较大的坍落度。反之,对无筋厚大结构、钢筋配置稀疏易于施工的结构,尽可能选用较小的坍落度。

正确选择新拌混凝土的坍落度,对于保证混凝土的施工质量及节约水泥具有重要意义。在选择坍落度时,原则上应在不妨碍施工操作并能保证振捣密实的条件下,尽可能采用较小的坍落度,以节约水泥并获得质量较好的混凝土。

二、混凝土的强度

混凝土的强度包括抗压强度、抗拉强度、抗弯强度和抗剪强度等,其中抗压强度最大,故混凝土主要用来承受压力。

1. 混凝土的抗压强度

(1) 混凝土的立方体抗压强度与强度等级。按照现行国家标准《普通混凝土力学性能试验方法标准》(GB/T 50081—2002),制作边长为 150mm 的立方体试件,在标准养护[温度(20±2)℃、相对湿度 95%以上]条件下,养护至 28d 龄期,用标准试验方法测得的极限抗压强度,称为混凝土标准立方体抗压强度,以 f_{cu} 表示。

按照现行国家标准《混凝土结构设计规范》(GB 50010—2010)(2015 年版)的规定,在立方体极限抗压强度总体分布中,具有 95%强度保证率的立方体试件抗压强度,称为混凝土立方体抗压强度标准植(以 MPa 即 N/mm² 计),以 $f_{cu,k}$ 表示。立方体抗压强度标准值是按数据统计处理方法达到规定保证率的某一数值,它不同于立方体试件抗压强度。

混凝土强度等级是按混凝土立方体抗压强度标准值来划分的,采用符号 C 和立方体抗压强度标准值表示,可划分为 C15、C20、C25、C30、C35、C40、C45、C50、C55、C60、C65、

C70、C75、C80 等 14 个等级。例如,强度等级为 C25 的混凝土,是指 25MPa≤f_{cu},k<30MPa 的混凝土。素混凝土结构的混凝土强度等级不应低于 C15;钢筋混凝土结构的混凝土强度等级不应低于 C20;采用强度级别 400MPa 及以上的钢筋时,混凝土强度等级不应低于 C25;承受重复荷载的钢筋混凝土构件,混凝土强度等级不应低于 C30;预应力混凝土结构的混凝土强度等级不宜低于 C40,且不应低于 C30。

测定混凝土立方体试件抗压强度,也可以按粗骨料最大粒径的尺寸选用不同的试件尺寸。但在计算其抗压强度时,应乘以换算系数,以得到相当于标准试件的试验结果。选用边长为 100mm 的立方体试件,换算系数为 0.95,边长为 200mm 的立方体试件,换算系数为 1.05。

采用标准试验方法在标准条件下测定混凝土的强度是为了使不同地区不同时间的混凝土具有可比性。在实际的混凝土工程中,为了说明某一工程中混凝土实际达到的强度,常把试块放在与该工程相同的环境养护(简称同条件养护)按需要的龄期进行测试,作为现场混凝土质量控制的依据。

(2) 混凝土棱柱体抗压强度。按棱柱体抗压强度的标准试验方法,制成边长为 150mm×150mm×300mm 的标准试件,在标准条件养护 28d,测其抗压强度,即为棱柱体的抗压强度(f_{ck}),通过实验分析,$f_{ck}≈0.67f_{cu,k}$。

(3) 影响混凝土抗压强度的因素。影响混凝土抗压强度的因素很多,包括原材料的质量(只要是水泥强度等级和骨料品种)、材料之间的比例关系(水灰比、灰水比、骨料级配)、施工方法(拌和、运输、浇筑、养护)以及试验条件(龄期、试件形状与尺寸、试验方法、湿度及温度)等。

1) 水泥强度等级和水胶比。胶凝材料是混凝土中的活性组分,其强度的大小直接影响着混凝土强度的高低。在配合比相同的条件下,所用的胶凝材料所用的水泥强度等级越高,配制的混凝土强度也越高,当用同一种水泥(品种及强度等级相同)时,混凝土的强度主要取决于水胶比,水胶比越大,混凝土的强度越低。这是因为水泥水化时所需的化学结合水,一般只占水泥质量的23%左右,但在实际拌制混凝土时,为了获得必要的流动性,常需要加入较多的水(占水泥质量的40%~70%)。多余的水分残留在混凝土中形成水泡,蒸发后形成气孔,使混凝土密实度降低,强度下降。水胶比大,则水泥浆稀,硬化后的水泥石与骨料黏结力差,混凝土的强度也越低。但是,如果水胶比过小,拌和物过于干硬,在一定的捣实成型条件下,无法保证浇筑质量,混凝土中将出现较多的蜂窝、孔洞,强度也将下降。试验证明,混凝土强度随水灰比(水与水泥的比值)的增大而降低,呈曲线关系,混凝土强度和灰水比(水泥与水的比值)的关系,则呈直线关系,如图1-7所示。

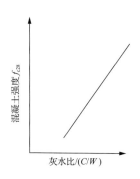

图 1-7　混凝土强度与灰水比的关系

应用数理统计方法,水泥的强度、水灰比、混凝土强度之间的线性关系也可用以下经验公式(强度公式)(1-1)表示:

$$f_{cu} = a_a \cdot f_{ce}(C/W - a_b) \tag{1-1}$$

式中:f_{cu}——28d混凝土立方体抗压强度,MPa;

f_{ce}——28d水泥抗压强度实测值,MPa;

a_a、a_b——回归系数,与骨料品种、水泥品种等因素有关;

C/W——灰水比。

强度公式适用于流动性混凝土和低流动性混凝土,不适用于干硬性混凝土。对流动性混凝土而言，只有在原材料相同、工艺措施相同的条件下 a_a、a_b 才可视为常数。因此，必须结合工地的具体条件，如施工方法及材料的质量等，进行不同水灰比的混凝土强度试验，求出符合当地实际情况的 a_a、a_b，这样既能保证混凝土的质量，又能取得较好的经济效果。若无试验条件，可按现行行业标准《普通混凝土配合设计规程》(JGJ 55—2011)提供的经验数值：采用碎石时，$a_a=0.46$，$a_b=0.07$；采用卵石时，$a_a=0.48$，$a_b=0.33$。

2) 骨料的种类与级配。骨料中有害杂质过多且品质低劣时，将降低混凝土的强度。骨料表面粗糙，则与水泥石黏结力较大，混凝土强度高。骨料级配良好、砂率适当，能组成密实的骨架，混凝土强度也较高。

3) 混凝土外加剂与掺和料。在混凝土中掺入早强剂可提高混凝土早期强度；掺入减水剂可提高混凝土强度；掺入一些掺和料可配制高强度混凝土。

4) 养护温度和温度。混凝土浇筑成型后，所处的环境温度对混凝土的强度影响很大。混凝土的硬化，在于水泥的水化作用，周围温度升高，水泥水化速度加快，混凝土强度发展也就加快。反之，温度降低时，水泥水化速度降低，混凝土强度发展将相应迟缓。当温度降至冰点以下时，混凝土的强度停止发展，并且由于孔隙内水分结冰而引起膨胀，使混凝土的内部结构遭受破坏。混凝土早期强度低，更容易冻坏。湿度适当时，水泥水化能顺利进行，混凝土强度得到充分发展。如果湿度不够，会影响水泥水化作用的正常进行，甚至停止水化。这不仅严重降低混凝土的强度，而且水化作用未能完成，使混凝土结构疏松，渗水性增大，或形成干缩裂缝，从而影响其耐久性。

因此，混凝土成型后一定时间内必须保持周围环境有一定的温度和湿度，使水泥充分水化，以保证获得较好质量的混凝土。

5) 硬化龄期。混凝土在正常养护条件下，其强度将随着龄期的增长而增长。最初 7～14d 内，强度增长较快，28d 达到设计强度。以后增长缓慢,但若保持足够的温度和湿度,强度的增长将延续几十年。普通水泥制成的混凝土,在标准条件下,混凝土强度的发展大致与其龄期的对数成正比关系(龄期不小于 3d),按式(1-2)计算:

$$f_n = f_{28} \frac{\lg n}{\lg 28} \qquad (1-2)$$

式中:f_n——$n(n \geqslant 3)$ d 龄期混凝土的抗压强度,MPa;

f_{28}——28d 龄期混凝土的抗压强度,MPa;

$\lg n$、$\lg 28$——n 和 28 的常用对数。

根据上述经验公式可由已知龄期的混凝土强度,估算其他龄期的强度。

6)施工工艺。混凝土的施工工艺包括配料、拌和、运输、浇筑、养护等工序,每一道工序对其质量都有影响。若配料不准确,误差过大、搅拌不均匀、拌和物运输过程中产生离析、振捣不密实、养护不充分等均会降低混凝土强度。因此,在施工过程中,一定要严格遵守施工规范,确保混凝土的强度。

2. 混凝土的抗拉强度

混凝土在直接受拉时,很小的变形就会开裂,它在断裂前没有残余变形,是一种脆性破坏。混凝土的抗拉强度一般为抗压强度的 1/20～1/10。我国采用立方体(国际上多用圆柱体)的劈裂抗拉试验来测定混凝土的抗拉强度,称为劈裂抗拉强度 $f_{st}^{劈}$,劈裂抗拉强度 $f_{st}^{劈}$ 可近似地用式(1-3)表示(精确至 0.01MPa):

$$f_{st}^{劈} = \frac{2P}{\pi A} = 0.637 \frac{P}{A} \qquad (1-3)$$

式中:P——试件破坏荷载,N;

A——试件劈裂面面积,mm^2。

抗拉强度对于开裂现象有重要意义,在结构设计中抗拉强度是确定混凝土抗裂度的重要指标。对于某些工程(如混凝土路面、水槽、拱坝),在对混凝土提出抗压强度要求的同时,还应提出抗拉强度要求。

三、混凝土的抗裂性

1. 混凝土的裂缝

混凝土的开裂主要是由于混凝土中拉应力超过了抗拉强度,或者说是由于拉伸应变达到或超过了极限拉伸值而引起的。

混凝土的干缩、降温冷缩及自身体积收缩等收缩变形,受到基础及周围环境的约束时(称此收缩为限制收缩),在混凝土内引起拉应力,并可能引起混凝土的裂缝。如配筋较多的大尺寸板梁结构、与基础嵌固很牢的路面或建筑物底板、在老混凝土间填充的新混凝土等。混凝土内部温度升高或因膨胀剂作用,使混凝土产生膨胀变形。当膨胀变形受外界约束时(称此变形为自由膨胀),也会引起混凝土裂缝。

大体积混凝土发生裂缝的原因有干缩性和温度应力两方面,其中温度应力是最主要的因素。在混凝土浇筑初期,水泥水化放热,使混凝土内部温度升高,产生内表温差,在混凝土表面产生拉应力,导致表面裂缝,当气温骤降时,这种裂缝更易发生。在硬化后期,混凝土温度逐渐降低而发生收缩,此时混凝土若受到基础环境的约束,会产生深层裂缝。

此外,结构物受荷过大或施工方法欠合理以及结构物基础不均匀沉陷等都可能导致混凝土开裂。

为防止混凝土结构的裂缝,除应选择合理的结构型式及施工方法,以减小或消除引起裂缝的应力或应变外,还采用抗裂性较好的混凝土。采用补偿收缩混凝土,以抵消有害的收缩变形,也是防止裂缝的重要途径。

2. 提高混凝土抗裂性的主要措施

(1) 选择适当的水泥品种。火山灰水泥干缩率大,对混凝土抗裂不利。粉煤灰水泥水化热低、干缩较小、抗裂性较好。选用 C_3S 及 C_3A 含量较低、C_2S 及 C_4AF 含量较高或早期强度稍低后期强度增长率高的硅酸盐水泥或普通水泥时,混凝土的弹性模量较低、极限拉伸值较大,有利于提高混凝土抗裂性。

(2) 选择适当的水灰比。水灰比过大的混凝土,强度等级较低,极限拉伸值过小,抗裂性较差;水灰比过小,水泥用量过多,混凝土发热量过大,干缩率增大,抗裂性也会降低。因此,对于大体积混凝土,应取适当强度等级且发热量低的混凝土。对于钢筋混凝土结构,提高混凝土极限拉伸值可以增大结构抗裂度,故混凝土强度等级不应过低。

(3) 可用多棱角的石灰岩碎石及人工砂作混凝土骨料。采用碎石骨料与采用天然河卵石骨料相比,可使混凝土极限拉伸值显著提高。

(4) 掺入适当优质粉煤灰或硅粉。混凝土中采用超量取代办法掺入适量粉煤灰时,水灰比随之减小,混凝土极限拉伸可提高,有利于提高混凝土抗裂性。在水灰比不变的条件下,采用等量取代法掺入适量优质粉煤灰时,混凝土的极限拉伸值虽然有一些下降,但其发热量显著减少。试验证明,当掺量适当时,混凝土的抗裂性也会提高。

混凝土中掺入适量硅粉,可显著提高混凝土抗拉强度及极限拉伸值,且混凝土发热量基本不变,故可显著提高混凝土抗裂性。

(5) 掺入减水剂及引气剂。在混凝土强度不变的条件下,掺入减水剂及引气剂,可减少混凝土水泥用量,并可改善混凝土的结构,从而显著提高混凝土极限拉伸值。

(6) 加强质量控制,提高混凝土均匀性。调查研究发现,混凝土均质性越差,建筑物裂缝发生率越高。故加强质量管理,减少混凝土离差系数,可提高抗裂性。

(7) 加强养护。充分保温或水中养护混凝土可减缓混凝土干缩,并可提高极限拉伸,故可提高混凝土抗裂性。对于掺有粉煤灰的混凝土以及早期强度增长较慢的混凝土,更应加强养护。对于大体积混凝土,用保温材料对混凝土进行表面保护,可有效地防止混凝土浇筑初期发生的表面裂缝。

四、混凝土的耐久性

硬化后的混凝土除了具有设计要求的强度外,还应具有与所处环境相适应的耐久性,混凝土的耐久性是指混凝土抵抗环境条件的长期作用,并保持其稳定良好的使用性能和外观完整性，从而维持混凝土结构安全、正常使用的能力。

因为结构的强度牵涉到安全性，所以，在混凝土结构设计中十分重视混凝土的强度，而往往忽视环境对结构耐久性的影响。然而现实却为我们敲响了警钟，从以往混凝土结构物破坏来看，有许多在尚未达到预计使用寿命之前就出现了严重的性能劣化而影响了正常使用，从而需要付出巨额代价来维护或维修，或提前拆除报废。因此，近年来混凝土结构的耐久性及耐久性设计受到普遍关注。

混凝土结构耐久性设计的目标就是保证混凝土结构在规定的使用年限内，在常规的维修条件下，不出现混凝土劣化、钢筋锈蚀等影响结构正常使用和外观的损坏。它涉及混凝土工程的造价、维护费用和使用年限等问题，因此，在设计混凝土结构时，强度与耐久性必须同时予以关注。耐久性良好的混凝土，对延长结构使用寿命、减少维修保养工作量、提高经济效益和社会效益等具有十分重要的意义。

混凝土的耐久性是一个综合性概念，包括抗渗、抗冻、抗侵蚀、抗碳化、抗磨性、抗碱骨料反应等性能。

1. 混凝土的抗渗性

抗渗性是指混凝土抵抗压力水、油等液体渗透的性能。混凝土的抗渗性主要与其密实及内部孔隙的大小和构造有关。

混凝土的抗渗性用抗渗等级（P）表示，即以 28d 龄期的标准试件，按标准试验方法进行试验时所能承受的最大水压力（MPa）来确定。混凝土的抗渗等级可划分为 P2、P4、P6、P8、P10、P12 六个等级，相应表示混凝土抗渗试验时一组六个试件中四个试件未出现渗水时的最大水压力分别为0.2MPa、0.4MPa、0.6MPa、0.8MPa、1.0MPa、1.2MPa。

提高混凝土抗渗性能的措施有：提高混凝土的密实度，改善孔隙构造，减少渗水通道；减小水灰比；掺加引气剂；选用适当品种的水泥；注意振捣密实、养护充分等。

水工混凝土的抗渗等级，应根据结构所承受的水压力大小和结构类型及运用条件按有关混凝土结构设计规范选用。

2. 混凝土的抗冻性

混凝土的抗冻性是指混凝土在水饱和状态下能经受多次冻融循环而不破坏，同时强度也不严重降低的性能。混凝土受冻后，混凝土中水分受冻结冰，体积膨胀，当膨胀力超过其抗拉强度时，混凝土将产生微细裂缝，反复冻融使裂缝不断扩展，混凝土强度降低甚至破坏，影响建筑物的安全。

混凝土的抗冻性以抗冻等级（F）表示。抗冻等级按 28d 龄期的试件用快冻试验方法测定，分为 F50、F100、F150、F200、F300、F400 六个等级，相应表示混凝土抗冻性试验能经受 50、100、150、200、300、400 次的冻融循环。

影响混凝土抗冻性能的因素主要有水泥品种、强度等级、水灰比、骨料的品质等。提高混凝土抗冻性的最主要的措施是：提高混凝土密实度；减小水灰比；掺加外加剂；严格控制施工质量，注意捣实，加强养护等。

混凝土抗冻等级应根据工程所处环境及工作条件，按有关混凝土结构设计规范选择。

3. 混凝土的抗侵蚀性

混凝土在外界侵蚀性介质（软水，含酸、盐水等）作用下，结构受到破坏、强度降低的现象称为混凝土的侵蚀。混凝土侵蚀的原因主要是外界侵蚀性介质对水泥石中的某些成分（氢氧化钙、水化铝酸钙等）产生破坏作用所致。

4. 混凝土的抗磨性及抗气蚀性

磨损冲击与气蚀破坏，是水工建筑物常见的病害之一。当高速水流中挟带砂、石等磨损介质时，这种现象更为严重。采取掺入适量的硅粉和高效减水剂以及适量的钢纤维、采用强度等级 C50 以上的混凝土、改善建筑物的体型、控制和处理建筑物表面的不平整度等措施可提高混凝土的抗磨性。

5. 混凝土的碳化

混凝土的碳化作用是空气中二氧化碳与水泥石中的氢氧化钙作用，生成碳酸钙和水。碳化过程是二氧化碳由表及里向混凝土内部逐渐扩散的过程。在硬化混凝土的孔隙中，充满了饱和氢氧化钙溶液，使钢筋表面产生一层难溶的三氧化二铁和四氧化三铁薄膜,它能防止钢筋锈蚀。碳化引起水泥石化学组成发生变化,使混凝土碱度降低,减弱了对钢筋的保护作用导致钢筋锈蚀;碳化还将显著增加混凝土的收缩,降低混凝土抗拉、抗弯强度。但碳化可使混凝土的抗压强度增大。其原因是碳化放出的水分有助于水泥的水化作用,而且碳酸钙减少了水泥石内部的孔隙。

提高混凝土抗碳化能力的措施有:减小水灰比;掺入减水剂或引气剂;保证混凝土保护层的厚度及质量;充分湿养护等。

6. 混凝土的碱骨料反应

混凝土的碱骨料反应,是指水泥中的碱(Na_2O 和 K_2O)与骨料中的活性 SiO_2 发生反应,使混凝土发生不均匀膨胀,造成裂缝、强度下降等不良现象,从而威胁建筑物安全。常见的有碱—氧化硅反应、碱—硅酸盐反应、碱—碳酸盐反应三种类型。

防止碱骨料反应的措施有:采用低碱水泥(Na_2O 含量小于 0.6%)并限制混凝土总碱量不超过 $2.0\sim3.0kg/m^3$;掺入活性混合料;掺用引气剂和不用含二氧化硅活性的骨料;保证混凝土密实性和重视建筑物排水,避免混凝土表面积水和接缝存水。

7. 提高混凝土耐久性的主要措施

(1) 严格控制水胶比。水胶比的大小是影响混凝土密实性的主要因素,为保证混凝土耐久性,必须严格控制水胶比。

现行行业标准《水工混凝土结构设计规范》(SL 191—2008)规定,设计使用年限为 50 年的配筋水工混凝土结构,其混凝土材料宜符合表 1-12 的规定。

表 1-12　　配筋混凝土材料的耐久性基本要求

环境类别	混凝土最低强度等级	最小水泥用量/(kg/m^3)	最大水灰比	最大氯离子含量/%	最大碱含量/(kg/m^3)
一	C20	220	0.60	1.0	不限制
二	C25	260	0.55	0.3	3.0

环境 类别	混凝土最低 强度等级	最小水泥用量 /(kg/m³)	最大 水灰比	最大氯离子 含量/%	最大碱含量 /(kg/m³)
三	C25	300	0.50	0.2	3.0
四	C30	340	0.45	0.1	2.5
五	C35	360	0.40	0.06	2.5

注：1. 配置钢丝、钢铰线的预应力混凝土构件的混凝土最低强度等级不宜小于 C40；最小水泥用量不宜少于 300kg/m³；

2. 当混凝土中加入优质活性掺和料或能提高耐久性的外加剂时，可适当减少最小水泥用量；

3. 桥梁上部结构及处于露天环境的梁、柱构件，混凝土强度等级不宜低于 C25；

4. 氯离子含量系指其占水泥用量的百分率；预应力混凝土构件中的氯离子含量不宜大于 0.06%；

5. 水工混凝土结构的水下部分，不宜采用碱活性骨料；

6. 处于三类、四类环境条件且受冻严重的结构构件，混凝土的最大水灰比应按现行行业标准《水工建筑物抗冰冻设计规范》(SL 211—2006) 的规定执行；

7. 炎热地区的海水水位变化区和浪溅区，混凝土的各项耐久性基本要求宜按表中的规定适当加严。

水工混凝土结构所处的环境类别应按表 1-13 的要求划分。

表 1-13　　　　水工混凝土结构所处的环境类别

环境类别	环 境 条 件
一	室内干燥环境
二	室内潮湿环境；露天环境；长期处于水下或地下的环境
三	淡水水位变化区；有轻度化学侵蚀性地下水的地下环境；海水水下区
四	海上大气区；轻度盐雾作用区；海水水位变化区；中度化学侵蚀性环境
五	使用除冰盐的环境；海水浪溅区；重度盐雾作用区；严重化学侵蚀性环境

注：1. 海上大气区与浪溅区的分界线为设计最高水位加 1.5m；浪溅区与水位变化区的分界线为设计最高水位减 1.0m；水位变化区与水下区的分界线为设计最低水位减 1.0m；重度盐雾作用区为离涨潮岸线 50m 内的陆上室外环境；轻度盐雾作用区为离涨潮岸线 50～500m 内的陆上室外环境。

2. 冻融比较严重的二类、三类环境条件下的建筑物，可将其环境类别分别提高为三类、四类。

（2）混凝土所用材料的品质，应符合规范的要求。

（3）合理选择骨料级配。可使混凝土在保证和易性要求的条件下，减少水泥用量，并有较好的密实性。这样不仅有利于混凝土耐久性，而且也较经济。

（4）掺用减水剂及引气剂。可减少混凝土用水量及水泥用量，改善混凝土孔隙构造。这是提高混凝土抗冻性及抗渗性的有力措施。

（5）保证混凝土施工质量。在混凝土施工中，应做到搅拌透彻、浇筑均匀、振捣密实、加强养护，以保证混凝土耐久性。

第三节　混凝土配合比

混凝土配合比是指混凝土中各组成材料（水泥、掺和料、水、砂、石）用量之间的比例关系。常用的表示方法有两种：①以每立方米混凝土中各项材料的质量表示，如胶凝材料300kg，水180kg，砂720kg，石子1200kg；②以水泥质量为1的各项材料相互间的质量比及水胶比来表示。将上例换算成质量比为胶凝材料∶砂∶石＝1∶2.4∶4，水胶比＝0.60。水工混凝土配合比的设计应按现行行业标准《水工混凝土试验规程》（SL 352—2006）附录A"水工混凝土配合比设计方法"进行。

一、混凝土配合比的计算

1. 计算配置强度，见式(1-4)

$$f_{cu,0} = f_{cu,k} + t\sigma \qquad (1\text{-}4)$$

式中：$f_{cu,0}$——混凝土配制强度，MPa；

$\quad f_{cu,k}$——混凝土设计龄期立方体抗压强度标准值，MPa；

$\quad t$——保证率系数，保证率和保证率系数的关系见表 1-14；

$\quad \sigma$——混凝土强度标准差，MPa。

混凝土抗压强度标准差 σ，宜按同品种混凝土抗压强度统计资料确定，当无近期同品种混凝土抗压强度统计资料时，σ 值可按表 1-15 取用。

表 1-14 保证率和保证率系数的关系

保证率 P/%	70.0	75.0	80.0	84.1	85.0	90.0	95.0	97.7	99.9
保证率系数 t	0.525	0.675	0.840	1.0	1.040	1.280	1.645	2.0	3.0

表 1-15 混凝土抗压强度标准差 σ

设计抗压强度/MPa	≤15	20~25	30~35	40~45	50
标准差 σ	3.5	4.0	4.5	5.0	5.5

2. 选定水胶比

根据混凝土配置强度计算水胶比,见式(1-5):

$$W/(C+P) = A \times f_{ce}/(f_{cu,0} + A \times B \times f_{ce}) \quad (1\text{-}5)$$

式中:A、B——回归系数;$A=0.46$,$B=0.07$

$f_{cu,0}$——混凝土配制强度,MPa。

f_{ce}——水泥 28d 抗压强度实测值,MPa。

根据现行行业标准 SL 677—2014,对最大水胶比的限值,选取 3~5 个水胶比。水胶比最大允许值见表 1-16。

表 1-16 水胶比最大允许值

部位	严寒地区	寒冷地区	温和地区
上、下游水位以上(坝体外部)	0.50	0.55	0.60
上、下游水位变化区(坝体外部)	0.45	0.50	0.55
上、下游最低水位以下(坝体外部)	0.50	0.55	0.60
基础	0.50	0.55	0.60
内部	0.60	0.65	0.65
受水流冲刷部位	0.45	0.50	0.50

注:1. 在有环境水侵蚀情况下,水位变化区外部及水下混凝土最大允许水胶比(或水灰比)应减小 0.05。

2. 表中规定的水胶比最大允许值,已考虑了掺用减水剂和引气剂的情况,否则酌情减小 0.05。

3. 选取混凝土用水量

应根据骨料最大粒径、坍落度、外加剂、掺和料及适宜的砂率通过试验确定。当无试验资料时,其初选用水量可按表 1-17 选取。

表 1-17 常态(普通)混凝土初选用水量表（单位：kg/m³）

混凝土坍落度	卵石最大粒径				碎石最大粒径			
	20mm	40mm	80mm	150mm	20mm	40mm	80mm	150mm
10～30mm	160	140	120	105	175	155	135	120
30～50mm	165	145	125	110	180	160	140	125
50～70mm	170	150	130	115	185	165	145	130
70～90mm	175	155	135	120	190	170	150	135

注：1. 本表适用于细度模数 2.6～2.8 的天然中砂。当使用细砂或粗砂时，用水量需增加或减少 3～5kg/m³；

2. 采用人工砂，用水量增加 5～10kg/m³；

3. 掺入火山灰质掺和料时，用水量需增加 10～20kg/m³；采用Ⅰ级粉煤灰时，用水量可减少 5～10kg/m³；

4. 采用外加剂时，用水量应根据外加剂的碱水率作适当调整，外加剂的减水率应通过试验确定；

5. 本表适用于骨料含水状态为饱和面干状态。

4. 选取最优砂率

最优砂率应根据骨料品种、品质、粒径、水胶比和砂的细度模数等通过试验选取。即在保证混凝土拌和物具有良好的黏聚性并达到要求的工作性时用水量最小的砂率。

5. 石子级配的选取

石子最佳级配(或组合比)应通过试验确定，一般以紧密堆积密度最大、用水量较小时的级配为宜。

6. 外加剂掺量

外加剂掺量按胶凝材料质量的百分比计，应通过试验确定，并符合国家和行业现行有关标准的规定。

7. 掺和料的掺量

掺和料的掺量按胶凝材料质量的百分比计，应通过试验确定，并符合国家和行业现行有关标准的规定。

8. 混凝土抗冻要求

有抗冻要求的混凝土，应掺用引气剂，其掺量应根据混凝土的含气量要求通过试验确定。混凝土的含气量不宜超过 7%。

9. 混凝土各组成材料的计算

混凝土的胶凝材料用量(m_c+m_p)、水泥用量 m_c 和掺和

料用量 m_p 按式(1-6)~式(1-8)计算:

$$m_c + m_p = m_w/[W/(C+P)] \quad (1-6)$$

$$m_c = (1-P_m)(m_c + m_p) \quad (1-7)$$

$$m_p = P_m(m_c + m_p) \quad (1-8)$$

每立方米混凝土中砂、石采用绝对体积法按式(1-9)~式(1-11)计算

$$V_{s,g} = 1 - [m_w/\rho_w + m_c/\rho_c + m_p/\rho_p + \alpha] \quad (1-9)$$

$$m_s = V_{s,g}S_v\rho_s \quad (1-10)$$

$$m_g = V_{s,g}(1-S_v)\rho_g \quad (1-11)$$

式中:$V_{s,g}$——砂、石的绝对体积,m^3;

m_w——每立方米混凝土用水量,kg;

m_c——每立方米混凝土水泥用量,kg;

m_p——每立方米混凝土掺和料用量,kg;

m_s——每立方米混凝土砂料用量,kg;

m_g——每立方米混凝土石料用量,kg;

P_m——掺和料掺量;

α——混凝土含气量,%;

S_v——体积砂率,%;

ρ_w——水的密度,kg/m^3;

ρ_c——水泥密度,kg/m^3;

ρ_p——掺和料密度,kg/m^3;

ρ_s——砂料饱和面干表观密度,kg/m^3;

ρ_g——石料饱和面干表观密度,kg/m^3。

列出混凝土各组成材料的计算用量和比例,各级石料用量按选定的级配比例计算。

二、混凝土配合比的试配、调整和确定

1. 混凝土配合比的试配

(1) 按计算的配合比进行试拌,根据坍落度、含气量、泌水、离析等情况判断混凝土拌和物的工作性,对初步确定的用水量、砂率、外加剂掺量等进行适当调整。用选定的水胶比和用水量,变动4~5个砂率每次增减1%~2%进行试拌,

坍落度最大时的砂率即为最优砂率。用最优砂率试拌,调整用水量至混凝土拌和物满足工作性要求,然后提出混凝土试验用配合比。

(2) 混凝土强度试验至少采用 3 个不同水胶比的配合比,其中一个应为确定的配合比,其他配合比的用水量不变,水胶比依次增减,变化幅度为 0.05,砂率可相应增减 1%,当不同水胶比的混凝土拌和物坍落度与要求值的差超过允许偏差时,可通过增减用水量进行调整。

(3) 根据试配的配合比成型抗压试件,标准养护至规定龄期进行抗压强度试验。根据试验得出的抗压强度与其对应的水胶比的关系,用作图法或计算法求出与混凝土配置强度($f_{cu,0}$)相对应的水胶比。

2. 混凝土配合比的调整

(1) 按试配结果,计算混凝土各组成材料用量与比例。

(2) 按确定的材料用量计算每立方米混凝土拌和物的质量。

(3) 按式(1-8)计算混凝土配合比校正系数:

$$\delta = m_{c,t}/m_{c,c}$$

式中:δ——混凝土配合比校正系数;

$m_{c,c}$——每立方米混凝土拌和物的质量计算值,kg;

$m_{c,t}$——每立方米混凝土拌和物的质量实测值,kg。

(4) 按校正系数 δ 对配合比中每项材料用量进行调整,即为调整的设计配合比。

3. 混凝土配合比的确定

(1) 当混凝土有抗冻、抗渗和其他技术指标要求时,应用满足抗压强度要求的设计配合比,进行相关性能试验。如不满足要求,应对配合比进行适当调整,直到满足设计要求。

(2) 在使用过程中遇到下列情况之一时,应调整或重新进行配合比设计:

1) 对混凝土性能指标要求有变化时。

2) 混凝土原材料品种、质量有变化时。

第二章

混凝土施工工艺

第一节 施 工 准 备

混凝土施工准备工作的主要项目有:基础处理、施工缝处理、设置卸料入仓的辅助设备、模板、钢筋的架设、预埋件及观测设备的埋设、施工人员的组织、浇筑设备及其辅助设施的布置、浇筑前的检查验收等。

一、基础处理

土基应先将开挖基础时预留下来的保护层挖除,并清除杂物,然后用碎石垫底,盖上湿砂,再进行压实,浇筑 8～12cm 厚素混凝土垫层。砂砾地基应清除杂物,整平基础面,并浇筑 10～20cm 厚素混凝土垫层。

对于岩基,一般要求清除到质地坚硬的新鲜岩面,然后进行整修。整修是用铁撬等工具去掉表面松软岩石、棱角和反坡,并用高压水冲洗,压缩空气吹扫。若岩面上有油污、灰浆及其黏结的杂物,还应采用钢丝刷反复刷洗,直至岩面清洁为止。清洗后的岩基在混凝土浇筑前应保持洁净和湿润。

当有地下水时,要认真处理,否则会影响混凝土的质量。处理方法是:做截水墙,拦截渗水,引入集水井排出;对基岩进行必要的固结灌浆,以封堵裂缝,阻止渗水;沿周边打排水孔,导出地下水,在浇筑混凝土时埋管,用水泵抽出孔内积水,直至混凝土初凝,7d 后灌浆封孔;将底层砂浆和混凝土的水灰比适当降低。

二、施工缝处理

施工缝是指浇筑块之间新老混凝土之间的结合面。为了保证建筑物的整体性，在新混凝土浇筑前，必须将老混凝土表面的水泥膜（又称乳皮）清除干净，并使其表面新鲜整洁、有石子半露的麻面，以利于新老混凝土的紧密结合。但对于要进行接缝灌浆处理的纵缝面，可不凿毛，只需冲洗干净即可。

施工缝的处理方法有以下几种。

（1）风砂枪喷毛。将经过筛选的粗砂和水装入密封的砂箱，并通入压缩空气。高压空气混合水砂，经喷砂喷出，把混凝土表面喷毛。一般在混凝土浇筑后 24～48h 开始喷毛，视气温和混凝土强度增长情况而定。如能在混凝土表层喷洒缓凝剂，则可减少喷毛的难度。

（2）高压水冲毛。在混凝土凝结后但尚未完全硬化以前，用高压水（压力 0.1～0.25MPa）冲刷混凝土表面，形成毛面，对龄期稍长的可用压力更高的水（压力 0.4～0.6MPa），有时配以钢丝刷刷毛。高压水冲毛关键是掌握冲毛时机，过早会使混凝土表面松散和冲去表面混凝土；过迟则混凝土变硬，不仅增加工作困难，而且不能保证质量。春秋季节，在浇筑完毕后 10～16h 开始；夏季掌握在 6～10h；冬季则在 18～24h 后进行。如在新浇筑混凝土表面洒刷缓凝剂，则延长冲毛时间。

（3）刷毛机刷毛。在大而平坦的仓面上，可用刷毛机刷毛，它装有旋转的粗钢丝刷和吸收浮渣的装置，利用粗钢丝刷的旋转刷毛并利用吸渣装置吸收浮渣。

喷毛、冲毛和刷毛适用于尚未完全凝固混凝土水平缝面的处理。全部处理完后，需用高压水清洗干净，要求缝面无尘无渣，然后再盖上麻袋或草袋进行养护。

（4）电锤凿毛、风镐凿毛或人工凿毛。已经凝固混凝土利用电锤凿毛、风镐凿毛或人工凿毛，凿深 1～2cm，然后用压力水冲净。凿毛多用于垂直缝。

仓面清扫应在即将浇筑前进行，以清除施工缝上的垃圾、浮渣和灰尘，并用压力水冲洗干净。

三、仓面准备

浇筑仓面的准备工作，包括机具设备、劳动组合、照明、风水电供应、所需混凝土原材料的准备等，应事先安排就绪。仓面施工的脚手架、工作平台、安全网、安全标识等应检查是否牢固，电源开关、动力线路是否符合安全规定。

仓位的浇筑高程、上升速度、特殊部位的浇筑方法和质量要求等技术问题，须事先进行技术交底。

地基或施工缝处理完毕并养护一定时间，已浇筑好的混凝土强度达到 2.5MPa 后，即可在仓面进行放线，安装模板、钢筋和预埋件，架设脚手等作业。

四、模板、钢筋及预埋件检查

开仓浇筑前，必须按照设计图纸和施工规范的要求，对仓面安设的模板、钢筋及预埋件进行全面检查验收，签发合格证。

（1）模板检查。主要检查模板的架立位置与尺寸是否准确，模板及其支架是否牢固稳定，固定模板用的拉条是否弯曲等。模板板面要求洁净、密缝并涂刷脱模剂。

经验之谈

★在浇筑混凝土前，木模板应浇水湿润，但模板内不应有积水；现场环境温度高于35℃时，宜对金属模板进行洒水降温，洒水后不得有积水。

（2）钢筋检查。主要检查钢筋的数量、规格、间距、保护层、接头位置与搭接长度是否符合设计要求。要求焊接或绑扎接头必须牢固，安装后的钢筋网应有足够的刚度和稳定性，钢筋表面应清洁。

（3）预埋件检查。对预埋管道、止水片、止浆片、预埋铁件、冷却水管和预理观测仪器等，主要检查其数量、安装位置和牢固程度。

第二节　混凝土拌制

混凝土拌制，是按照混凝土配合比设计要求，将其各组成材料（砂石、水泥、水、外加剂及掺和料等）拌和成均匀的混凝土料，以满足浇筑的需要。

混凝土制备的过程包括贮料、供料、配料和拌和。其中配料和拌和是主要生产环节，也是质量控制的关键，要求品种无误、配料准确、拌和充分。

一、混凝土配料

配料是按设计要求，称量每次拌和混凝土的材料用量。配料的精度直接影响混凝土质量。混凝土配料要求采用重量配料法，即是将砂、石、水泥、掺和料按重量计量，水和外加剂溶液按重量折算成体积计量。施工规范对配料精度（按重量百分比计）的要求是：水泥、掺和料、水、外加剂溶液为±1%，砂石料为±2%。

设计配合比中的加水量根据水灰比计算确定，并以饱和面干状态的砂子为标准。由于水灰比对混凝土强度和耐久性影响极为重大，绝不能任意变更；施工采用的砂子，其含水量又往往较高，在配料时采用的加水量应扣除砂子表面含水量及外加剂中的水量。

1. 给料设备

给料是将混凝土各组分从料仓按要求供到称料料斗。给料设备的工作机构常与称量设备相连，当需要给料时，控制电路开通，进行给料。当计量达到要求时，即断电停止给料。

2. 混凝土称量

混凝土配料称量的设备有简易称量（地磅）、电动磅称、自动配料杠杆秤、电子秤、配水箱及定量水表。

（1）简易称量。当混凝土拌制量不大，可采用简易称量方式，如图 2-1 所示。地磅称量，是将地磅安装在地槽内，用手推车装运材料推到地磅上进行称量。这种方法最简便，但称量速度较慢。台秤称量需配置称料斗、贮料斗等辅助设备。称料斗安装在台秤上，骨料能由贮料斗迅速落入，故称量时间较快，但贮料斗承受骨料的重量大，结构较复杂。贮料斗的进料可采用皮带机、卷扬机等提升设备。

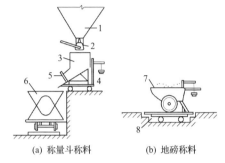

(a) 称量斗称料   (b) 地磅称料

图 2-1 简易称料装置

1—贮料斗；2—弧形门；3—称料斗；4—台秤；5—卸料门；

6—斗车；7—手推车；8—地槽

（2）电动磅秤。电动磅秤是简单的自控计量装置，每种材料用一台装置，如图 2-2 所示。给料设备下料至主称量料斗，达到要求重量后即断电停止供料，称量料斗内材料卸至皮带机送至集料斗。

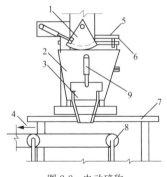

图 2-2 电动磅称

1—扇形给料器；2—称料斗；3—出料口；4—送至集料斗；5—磅秤；6—电源

闭路按钮；7—支架；8—水平胶带；9—液压或气动开关

（3）自动配料杠杆秤。自动配料杠杆秤带有配料装置和自动控制装置，如图 2-3 所示。自动化水平高，可作砂、石的称量，精度较高。

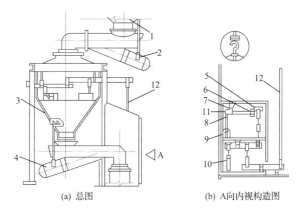

(a) 总图　　　　　　　　　(b) A向内视构造图

图 2-3　自动配料杠杆秤

1—贮料斗；2、4—电磁振动给料器；3—称料斗；5—调整游锤；6—游锤；
7—接触棒；8—重锤托盘；9—附加重锤（构造如小圆圈）；10—配重；
11—标尺；12—重锤拉杆

（4）电子秤。电子秤是通过传感器承受材料重力拉伸，输出电信号在标尺上指出荷重的大小，当指针与预先给定数据的电接触点接通时，即断电停止给料，同时继电器动作，称料斗斗门打开向集料斗供料，如图 2-4、图 2-5 所示。

（5）配水箱及定量水表。水和外加剂溶液可用配水箱和定量水表计量。配水箱是搅拌机的附属设备，可利用配水箱的浮球刻度尺控制水或外加剂溶液的投放量。定量水表常用于大型搅拌楼，使用时将指针拨至每盘搅拌用水量刻度上，按电钮即可送水，指针也随进水量回移，至零位时电磁阀即断开停水。此后，指针能自动复位至设定的位置。

称量设备一般要求精度较高，而其所处的环境粉尘较大，因此应经常检查调整，及时清除粉尘。一般要求每班检查一次称量精度。

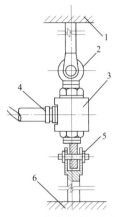 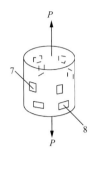

(a) 传感器安装示意图　　(b) 传感器内应变片粘贴示意图

图 2-4　电子秤传感装置

1—贮料仓支架;2、5—铰;3—传感器;4—电线插头;6—称量斗;

7—竖贴应变片;8—横贴应变片

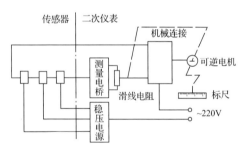

图 2-5　电子秤测量原理图

　　以上给料设备、称量设备、卸料装置一般通过继电器联锁动作,实行自动控制。

　　二、混凝土拌和

　　混凝土拌和的方法有人工拌和与机械拌和两种。

　　1. 人工拌和

　　人工拌和是在一块钢板上进行,先倒入砂子,后倒入水泥,用铁锹反复干拌至少三遍,直到颜色均匀为止。然后在中间扒一个坑,倒入石子和 2/3 的定量水,翻拌 1 遍。再进行翻拌(至少 2 遍),其余 1/3 的定量水随拌随洒,拌至颜色一致,石子全部被砂浆包裹,石子与砂浆没有分离、泌水与不均匀现象为止。人工拌和劳动强度大、混凝土质量不容易保证,拌和时不得任意加水。人工拌和只适宜于施工条件困难、工作量小,强度不高的混凝土。

2. 机械拌和

用拌和机拌和混凝土较广泛,能提高拌和质量和生产率。拌和机械有自落式和强制式两种。

(1) 混凝土搅拌机。

1) 自落式混凝土搅拌机。自落式搅拌机是通过筒身旋转,带动搅拌叶片将物料提高,在重力作用下物料自由坠下,反复进行,互相穿插、翻拌、混合使混凝土各组分搅拌均匀的。

① 锥形反转出料搅拌机。锥形反转出料搅拌机是中、小型建筑工程常用的一种搅拌机,正转搅拌,反转出料。由于搅拌叶片呈正、反向交叉布置,拌和料一方面被提升后靠自落进行搅拌,另一方面又被迫沿轴向作左右窜动,搅拌作用强烈。

图 2-6 为锥形反转出料搅拌机外形。它主要由上料装置、搅拌筒、传动机构、配水系统和电气控制系统等组成。图 2-7 为搅拌筒示意图,当混合料拌好以后,可通过按钮直接改变搅拌筒的旋转方向,拌和料即可经出料叶片排出。

图 2-6　锥形反转出料搅拌机外形图

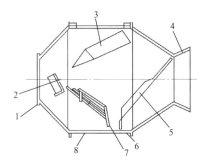

图 2-7 锥形反转出料搅拌机的搅拌筒

1—进料口；2—挡料叶片；3—主搅拌叶片；4—出料口；5—出料叶片；

6—滚道；7—副叶片；8—搅拌筒身

② 双锥形倾翻出料搅拌机。双锥形倾翻出料搅拌机进出料在同一口，出料时由气动倾翻装置使搅拌筒下旋 $50°\sim$ $60°$，即可将物料卸出，如图 2-8 所示。双锥形倾翻出料搅拌机卸料迅速，拌筒容积利用系数高，拌和物的提升速度低，物料在拌筒内靠滚动自落而搅拌均匀，能耗低，磨损小，能搅拌大粒径骨料混凝土。主要用于大体积混凝土工程。

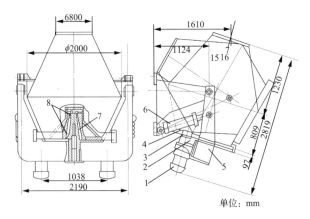

单位：mm

图 2-8 双锥形搅拌机结构示意图

1—电机；2—行星摆线减速器；3—小齿轮；4—倾翻机架；5—机架；

6—倾翻气缸；7—锥行轴；8—单列圆锥滚柱轴承

2) 强制式混凝土搅拌机。强制式混凝土搅拌机一般筒身固定,搅拌机片旋转,对物料施加剪切、挤压、翻滚、滑动、混合使混凝土各组分搅拌均匀。

① 涡桨强制式搅拌机。涡桨强制式搅拌机是在圆盘搅拌筒中装一根回转轴,轴上装有拌和铲和刮板,随轴一同旋转,如图 2-9 所示。它用旋转着的叶片,将装在搅拌筒内的物料强行搅拌使之均匀。涡桨强制式搅拌机由动力传动系统、上料和卸料装置、搅拌系统、操纵机构和机架等组成。

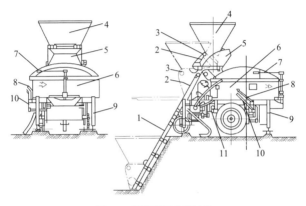

图 2-9　涡桨强制式搅拌机

1—上料轨道;2—上料斗底座;3—铰链轴;4—上料斗;5—进料口;6—搅拌筒;
7—卸料手柄;8—料斗下降手柄;9—撑脚;10—上料手柄;11—给水手柄

② 单卧轴强制式混凝土搅拌机。单卧轴强制式混凝土搅拌机的搅拌轴上装有两组叶片,两组推料方向相反,使物料既有圆周方向运动,也有轴向运动,因而能形成强烈的物料对流,使混合料能在较短的时间内搅拌均匀。它由搅拌系统、进料系统、卸料系统和供水系统等组成,如图 2-10 所示。

③ 双卧轴强制式混凝土搅拌机。双卧轴强制式混凝土搅拌机,如图 2-11 所示。它有两根搅拌轴,轴上布置有不同角度的搅拌叶片,工作时两轴按相反的方向同步相对旋转。由于两根轴上的搅拌铲布置位置不同,螺旋线方向相反,于是被搅拌的物料在筒内既有上下翻滚的动作,也有沿轴向的

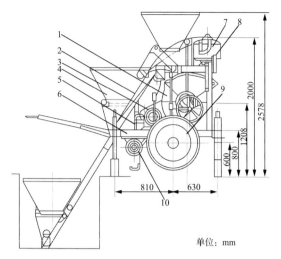

单位：mm

图 2-10　单卧轴强制式搅拌机

1—搅拌装置；2—上料架；3—料斗操纵手柄；4—料斗；5—水泵；6—底盘；
7—水箱；8—供水装置操作手柄；9—车轮；10—传动装置

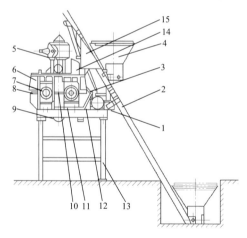

图 2-11　双卧轴强制式搅拌机

1—上料传动装置；2—上料架；3—搅拌驱动装置；4—料斗；5—水箱；6—搅拌筒；
7—搅拌装置；8—供油器；9—卸料装置；10—三通阀；11—操纵杆；12—水泵；
13—支承架；14—受料斗；15—电气箱

来回运动,从而增强了混合料运动的剧烈程度,因此搅拌效果更好。双卧轴强制式混凝土搅拌机为固定式,其结构基本与单卧式相似。它由搅拌系统、进料系统、卸料系统和供水系统等组成。

(2)混凝土搅拌机的使用。

1)混凝土搅拌机的安装。

① 搅拌机的运输。搅拌机运输时,应将进料斗提升到上止点,并用保险铁链锁住。轮胎式搅拌机的搬运可用机动车拖行,但其拖行速度不得超过 15km/h。如在不平的道路上行驶,速度还应降低。

② 搅拌机的安装。按施工组织设计确定的搅拌机安放位置,根据施工季节情况搭设搅拌机工作棚,棚外应挖有排除清洗搅拌机废水的排水沟,能保持操作场地的整洁。

固定式搅拌机应安装在牢固的台座上。当长期使用时,应埋置地脚螺栓;如短期使用,可在机座下铺设木枕并找平放稳。

轮胎式搅拌机应安装在坚实平整的地面上,全机重量应由四个撑脚负担而使轮胎不受力,否则机架在长期荷载作用下会发生变形,造成连结件扭曲或传动件接触不良而缩短搅拌机使用寿命。当搅拌机长期使用时,为防止轮胎老化和腐蚀,应将轮胎卸下另行保管。机架应以枕木垫起支牢,进料口一端抬高 3~5cm,以适应上料时短时间内所造成的偏重。轮轴端部用油布包好,以防止灰土泥水侵蚀。

某些类型的搅拌机须在上料斗的最低点挖上料地坑,上料轨道应伸入坑内,斗口与地面齐平,斗底与地面之间加一层缓冲垫木,料斗上升时靠滚轮在轨道中运行,并由斗底向搅拌筒中卸料。

按搅拌机产品说明书的要求进行安装调试,检查机械部分、电气部分、气动控制部分等是否能正常工作。

2)搅拌机的使用。

① 搅拌机使用前的检查。搅拌机使用前应按照"十字作业法"(清洁、润滑、调整、紧固、防腐)的要求检查离合器、

制动器、钢丝绳等各个系统和部位,是否机件齐全、机构灵活、运转正常,见表 2-1,并按规定位置加注润滑油脂。检查电源电压,电压升降幅度不得超过搅拌电气设备规定的 5%。随后进行空转检查,见表 2-2,检查搅拌机旋转方向是否与机身箭头一致,空车运转是否达到要求值。供水系统的水压、水量满足要求。在确认以上情况正常后,搅拌筒内加清水搅拌 3min 然后将水放出,再可投料搅拌。

表 2-1 搅拌机正常运转的技术条件

序号	项目	技术条件
1	安装	撑脚应均匀受力,轮胎应架空。如预计使用时间较长时,可改用枕木或砌体支承。固定式的搅拌机应安装在固定基础上,安装时按规定找平
2	供水	放水时间应小于搅拌时间全程的 50%
3	上料系统	(1)料斗载重时,卷扬机能在任何位置上可靠地制动; (2)料斗及溜槽无材料滞留; (3)料斗滚轮与上料轨道密合,行走顺畅; (4)上止点有限位开关及挡车; (5)钢丝绳无破损,表面有润滑脂
4	搅拌系统	(1)传动系统运转灵活,无异常音响,轴承不发热; (2)液压部件及减速箱不漏油; (3)鼓筒、出浆门、搅拌轴轴端,不得有明显的漏浆; (4)搅拌筒内、搅拌叶无浆渣堆积; (5)经常检查配水系统
5	出浆系统	每拌出浆的残留量不大于出料容量的 5%
6	紧固件	完整、齐全、不松动
7	电路	线头搭接紧密,有接地装置、漏电开关

表 2-2 混凝土搅拌前对设备的检查

序号	设备名称	检查项目
1	送料装置	(1)散装水泥管道及气动吹送装置; (2)送料拉铲、皮带、链斗、抓斗及其配件; (3)上述设备间的相互配合

序号	设备名称	检查项目
2	计量装置	(1)水泥、砂、石子、水、外加剂等计量装置的灵活性和准确性； (2)称量设备有无阻塞； (3)盛料容器是否黏附残渣，卸料后有无滞留； (4)下料时冲量的调整
3	搅拌机	(1)进料系统和卸料系统的顺畅性； (2)传动系统是否紧凑； (3)筒体内有无积浆残渣，衬板是否完整； (4)搅拌叶片的完整和牢靠程度

② 开盘操作。在完成上述检查工作后，即可进行开盘搅拌，为不改变混凝土设计配合比，补偿黏附在筒壁、叶片上的砂浆，第一盘应减少石子约 30%，或多加水泥、砂各 15%。

③ 正常运转。

投料顺序。普通混凝土一般采用一次投料法或两次投料法。一次投料法是按砂(石子)—水泥—石子(砂)的次序投料，并在搅拌的同时加入全部拌和水进行搅拌；二次投料法是先将石子投入拌和筒并加入部分拌和用水进行搅拌，清除前一盘拌和料黏附在筒壁上的残余，然后再将砂、水泥及剩余的拌和用水投入搅拌筒内继续拌和。

搅拌时间。混凝土搅拌质量与搅拌时间直接相关，搅拌时间应满足表 2-3 的要求。

表 2-3　　　　　　**混凝土搅拌的最短时间**　　　　（单位：s）

混凝土坍落度/cm	搅拌机机型	搅拌机容量/L		
		<250	250～500	>500
≤3	强制式	60	90	120
	自落式	90	120	150
>3	强制式	60	60	90
	自落式	90	90	120

注：掺有外加剂时，搅拌时间应适当延长。

操作要点。搅拌机操作要点见表 2-4。

表 2-4 搅拌机操作要点

序号	项目	操作要点
1	进料	(1)应防止砂、石落入运转机构; (2)进料容量不得超载; (3)进料时避免水泥先进,避免水泥黏结机体
2	运行	(1)注意声响,如有异常,应立即检查; (2)运行中经常检查紧固件及搅拌叶,防止松动或变形
3	安全	(1)上料斗升降区严禁任何人通过或停留;检修或清理该场地时,用链条或锁闩将上料斗扣牢; (2)进料手柄在非工作时或工作人员暂时离开时,必须用保险环扣紧; (3)出浆时操作人员应手不离开操作手柄,防止手柄自动回弹伤人(强制式机更要重视); (4)出浆后,上料前,应将出浆手柄用安全钩扣牢,方可上料搅拌; (5)停机下班,应将电源拉断,关好开关箱 (6)冬季施工下班,应将水箱、管道内的存水排空
4	停电或机械故障	(1)快硬、早强、高强混凝土,及时将机内拌和物掏清; (2)普通混凝土,在停拌 45min 内将拌和物掏清; (3)缓凝混凝土,根据缓凝时间,在初凝前将拌和物掏清; (4)掏料时,应将电源拉断,防止突然来电

搅拌质量检查。混凝土拌和物的搅拌质量应经常检查,混凝土拌和物颜色均匀一致,无明显的砂粒、砂团及水泥团,石子完全被砂浆所包裹,说明其搅拌质量较好。

④ 停机。每班作业后应对搅拌机进行全面清洗,并在搅拌筒内放入清水及石子运转 10~15min 后放出,再用竹扫帚洗刷外壁。搅拌筒内不得有积水,以免筒壁及叶片生锈,如遇冰冻季节应放尽水箱及水泵中的存水,以防冻裂。

每天工作完毕后,搅拌机料斗应放至最低位置,不准悬于半空。电源必须切断,锁好电闸箱,保证各机构处于空位。

3. 混凝土拌和站(楼)

搅拌机仅仅是对原材料进行搅拌,而从原材进入、贮存、混凝土搅拌、输出配料等一系列工序,要由混凝土工厂来承担。立式布置的混凝土工厂在我国习惯上叫搅拌(拌和)楼,水平布置的叫搅拌(拌和)站。搅拌站既可是固定式,也可做成移动式。搅拌楼布置紧凑,占地面积小,生产能力高,易于隔热保温,适合大型工程大量混凝土生产。搅拌站便于安装、搬迁,适于量少、分散、使用时间短的工程项目。

(1) 搅拌楼可以有很多种类,主要有周期式生产和连续式两大类,各可配置自落式和强制式搅拌机,按楼、站设置。主机的台数、布置的方式、结构型式、是否进行预冷和隔热、进出料方式和方向,可以根据需要设计配置,如图 2-12～图 2-14 所示。

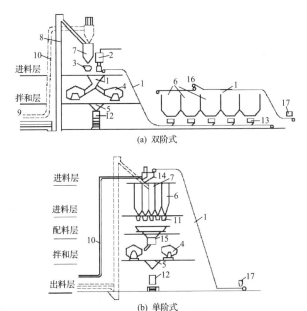

(a) 双阶式

(b) 单阶式

图 2-12　混凝土搅拌楼布置

1—皮带机;2—水箱及量水器;3—水泥料斗及磅秤;4—搅拌机;5—出料斗;
6—骨料仓;7—水泥仓;8—斗式提升机;9—螺旋输送机;10—风动水泥管道;
11—集料斗;12—混凝土吊罐;13—配料器;14—回转漏斗;15—回转式喂料器;16—卸料小车;17—进料斗

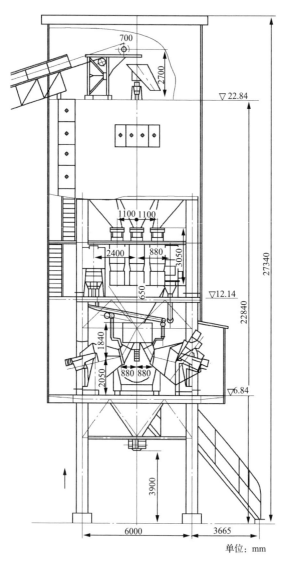

图 2-13　3×1.5m³ 自落式搅拌楼

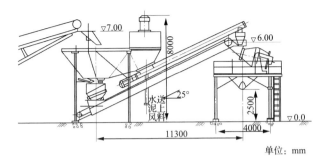

图 2-14　HZ20-1F750I 型混凝土搅拌站

（2）混凝土搅拌楼（站）的控制系统。

1）控制系统。混凝土搅拌楼（站）基本上都采用电子秤，微机全自动控制。主要有微机全自动控制系统、电子秤式（分布式）微机控制系统两种。目前国产搅拌楼较多的采用全自动微机控制系统。

全自动微机控制系统。微机系统采用两台工控机，运行可靠、抗干扰能力强、可在恶劣环境下运行。微机专用线路供电，经稳压和净化处理和强电地线分离，电源稳定。控制信号由继电器隔离，切断干扰信号，保证系统运行可靠。

微机软件采用多任务开发环境，采用大屏幕 CRT，可在同一屏幕上开设多个窗口，可显示各执行元件及计量秤料位变化和搅拌机状态等，多任务同时执行。简化了操作过程，提高了生产效率。控制软件含有多种自检功能，可检测微机运行状态和搅拌机故障，有利于操作和维修。微机控制台的外形和布置如图 2-15 所示。

微机控制系统的主要功能有：对进料、计量、卸料、搅拌和混凝土出料的全过程自动控制；多任务多用户管理，用户数量不限；显示，打印报表完全汉化；搅拌时间和卸料时间，分批卸料，卸料顺序等均可窗口设置，随时可调；计量，卸料过程中仓门，秤斗门及秤斗内料位变化均可动态模拟显示；各种计量设定值，计量值、计量误差、需方量和生产量的动态

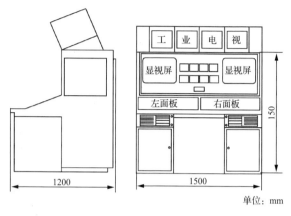

图 2-15　微机控制台的外形和布图

显示;根据需要打印每盘混凝土的生产数据;显示和(或)打印任一时间内的生产和用户表报,记录生产数据,人工和自动转存(档)盘;计量提前量的动态自动调整;进、出料层工业电视监视;骨料仓温度的自动检测(巡检);砂含水率的自动检测,水和砂量的自动或人工补偿;可为用户提供网络调度和管理接口。

通过巡回检测仪可将各检测点传感器检测到的温度信号传送给预冷控制系统,调整制冷参数,实现混凝土的出机口温度控制等。

2)搅拌楼的控制和指示仪表。搅拌楼的控制和指示仪表主要有:砂含水率测定,料位计,温度检测,坍落度测定,传感器等。

微波含水率测定仪。按我国现行规范,要求砂的含水率控制在6%以下。实际上含水率受气候、堆存条件和时间的影响,很难达到这个指标。更重要的是不易稳定。每立方米混凝土砂中的含水量常在30～40kg以上,几乎占实际需水量的40%多。为保证混凝土质量,含水率的稳定和测定十分重要。目前含水率测定仪精度高,可靠性好的要属微波含水率测定仪。含水率测定仪的典型配置如图2-16所示。

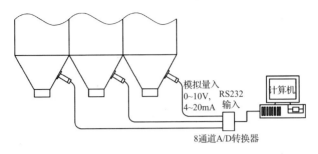

图 2-16　含水率测定仪的典型配置

微波式测定仪用于含水率变化。0～20％的范围内。插入砂仓深度 75～100mm,测定温度范围 0～60℃(不能在冻结的物料中工作),每秒更新数据约 25 次,因此可测定流动的连续料流。

料位计。搅拌楼贮仓的料位计有接触式和非接触式两类,接触式料位计易被物料损坏,已基本淘汰。非接触式主要有电容式、雷达式和超声波等料位测量仪,现已广泛采用非接触式超声波料位测量仪,超声波料位计的优点有:超声波料位计精度高达量程的 60.1％,而且安全可靠;测量不受被测物料的密度、介电常数和导电性能的影响;可连续测量料位,其附带软件可进行线性化处理,不仅可用长度(m)、重量(kg)和容积(m³)等工程单位来显示,而且还可用于非线性容器的容积测量。

第三节　混凝土运输

混凝土料在运输过程中应满足下列基本要求:

(1) 运输设备应不吸水、不漏浆,运输过程中不发生混凝土拌和物分离、严重泌水及过多降低坍落度。

(2) 同时运输两种以上强度等级的混凝土时,应在运输设备上设置标志,以免混淆。

(3) 尽量缩短运输时间、减少转运次数。运输时间不得超过表 2-5 的规定。因故停歇过久,混凝土产生初凝时,应作废料处理。在任何情况下,严禁中途加水后运入仓内。

表 2-5　　　　　　　　混凝土允许运输时间

气温/℃	混凝土允许运输时间/min
20~30	30
10~20	45
5~10	60

注:本表数值未考虑外加剂、混合料及其他特殊施工措施的影响。

　　(4)运输道路基本平坦,避免拌和物振动、离析、分层。

　　(5)混凝土运输工具及浇筑地点,必要时应有遮盖或保温设施,以避免因日晒、雨淋、受冻而影响混凝土的质量。

　　(6)混凝土拌和物自由下落高度以不大于 2m 为宜,超过此界限时应采用缓降措施。

　　混凝土运输设备及运输能力的选择,应与拌和、浇筑能力、仓面具体情况相适应,以充分发挥整个系统机械设备效率为原则。混凝土主要运输设备有:专用机动车辆,包括自卸汽车、侧翻车、侧卸车、料罐车、搅拌运输车等;起重机械,包括门式起重机、塔式起重机、轮胎式起重机、履带式起重机等;缆机的水平与垂直运输;皮带机连续运输等。

经验之谈

　　★施工中当混凝土自由下落高度大于2m时,应加设串筒、溜管、溜槽等装置防止混凝土发生离析。

　　1. 机动翻斗车

　　机动翻斗车是混凝土工程中使用较多的水平运输机械。它轻便灵活、转弯半径小、速度快且能自动卸料。

　　2. 混凝土搅拌运输车

　　混凝土搅拌运输车(见图 2-17)是运送混凝土的专用设备。它的特点是在运量大、运距远的情况下,能保证混凝土的质量均匀,一般用于混凝土制备点(商品混凝土站)与浇筑点距离较远时使用。它的运送方式有两种：一是在 10km 范围内作短距离运送时，只作运输工具使用，即将拌和好的混凝土接送至浇筑点，在运输途中为防止混凝土分离，让搅拌筒只作低速搅动，使混凝土拌和物不致分离、凝结；二是在运距较长时，搅拌运输两者兼用，即先在混凝土拌和站将干料—砂、石、水泥按配比装入搅拌筒内，并将水注入配水箱，开始只作干料运送，然后在到达距使用点 10～15min 路程时，启动搅拌筒回转，并向搅拌筒注入定量的水，这样在运输途中边运输边搅拌成混凝土拌和物，送至浇筑点卸出。

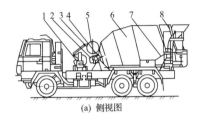　

| (a) 侧视图 | (b) 后视图 |

图 2-17　混凝土搅拌运输车

1—泵连接组件；2—减速机总成；3—液压系统；4—机架；5—供水系统；
6—搅拌筒；7—操纵系统；8—进出料装置

3. 辅助运输

运输混凝土的辅助设备有吊罐、集料斗、溜槽、溜管等。用于混凝土装料、卸料和转运入仓，对于保证混凝土质量和运输工作顺利进行起着相当大的作用。

（1）溜槽与振动溜槽。溜槽为钢制槽子（钢模），可从皮带机、自卸汽车、斗车等受料，将混凝土转送入仓。其坡度可由试验确定，常采用 45°左右。当卸料高度过大时，可采用振动溜槽。振动溜槽装有振动器，单节长 4～6m，拼装总长可达 30m，其输送坡度由于振动器的作用可放缓至 15°～20°。采用溜槽时，应在溜槽末端加设 1～2 节溜管或挡板（见图 2-18），以防止混凝土料在下滑过程中分离。利用溜槽转运入仓，是大型机械设备难以控制部位的有效入仓手段。

（2）溜管与振动溜管。溜管（溜筒）由多节铁皮管串挂而

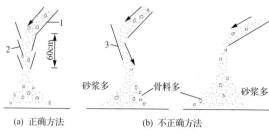

(a) 正确方法 (b) 不正确方法

图 2-18 溜槽卸料

1—溜槽；2—溜筒；3—挡板

成。每节长 0.8～1m，上大下小，相邻管节铰挂在一起，可以拖动，如图 2-19 所示。采用溜管卸料可起到缓冲消能作用，以防止混凝土料分离和破碎。

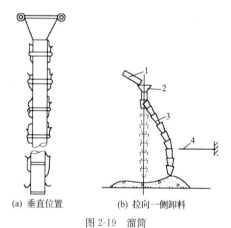

(a) 垂直位置 (b) 拉向一侧卸料

图 2-19 溜筒

1—运料工具；2—受料斗；3—溜管；4—拉索

溜管卸料时，其出口离浇筑面的高差应不大于 1.5m。并利用拉索拖动均匀卸料，但应使溜管出口段约 2m 长与浇筑面保持垂直，以避免混凝土料分离。随着混凝土浇筑面的上升，可逐节拆卸溜管下端的管节。

溜管卸料多用于断面小、钢筋密的浇筑部位，其卸料半径为 1～1.5m，卸料高度不大于 10m。

振动溜管与普通溜管相似，但每隔 4～8m 的距离装有一个振动器，以防止混凝土料中途堵塞，其卸料高度可达 10～20m。

（3）吊罐。吊罐有卧罐和立罐之分。卧罐通过自卸汽车受料，立罐置于平台列车直接在搅拌楼出料口受料（见图 2-20、图 2-21）。

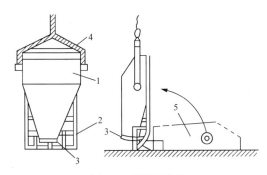

图 2-20　混凝土卧罐

1—装料斗；2—滑架；3—斗门；4—吊梁；5—平卧状态

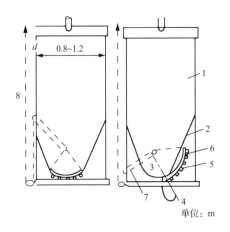

图 2-21　混凝土立罐

1—金属桶；2—料斗；3—出料口；4—橡皮垫；5—辊轴；6—扇形活门；

7—手柄；8—拉索

目前广泛采用液压蓄能立式吊罐。液压蓄能吊罐利用起升油缸的起吊力使液压系统产生压力油,专供操作机构开门时使用。油缸活塞杆的回位则由两根蓄能拉伸弹簧来完成。每次起升油缸吸足油后,大约可连续开(关)下料弧门3次,如图 2-22 所示。

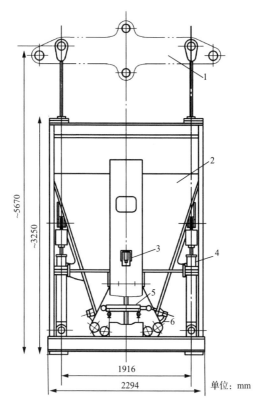

图 2-22　HG 系列液压蓄能式混凝土吊罐

1—缆机横梁板;2—罐体;3—手动换向阀;4—蓄能油缸;

5—启闭油缸;6—下料弧门

其他运输方式将在有关章节中讲述。

第四节　混凝土浇筑

一、铺料

混凝土开始浇筑前,要在岩面或老混凝土面上铺砂浆,小级配混凝土或同强度等级的富砂浆混凝土,主要参照现行行业标准 SL 677—2014 或《水工混凝土施工规范》(DL/T 5144—2015)即可,以保证新混凝土与基岩或老混凝上结合良好。砂浆的水灰比应较混凝土水灰比减少 0.03~0.05。混凝土的浇筑,应按一定厚度、次序、方向分层推进。

铺料厚度应根据拌和能力、运输距离、浇筑速度、气温及振捣器的性能等因素确定。一般情况下,浇筑层的允许最大厚度不应超过表 2-6 规定的数值,如采用低流态混凝土及大型强力振捣设备时,其浇筑层厚度应根据试验确定。

表 2-6　　　　混凝土浇筑层的允许最大铺料厚度

项次	振捣器类别或结构类型		浇筑层的允许最大铺料厚度
1	插入式	电动硬轴振捣器	振捣器工作长度的 0.8 倍
		软轴振捣器	振捣器工作长度的 1.25 倍
2	表面式	在无筋或单层钢筋结构中	250mm
		在双层钢筋结构中	120mm

混凝土入仓时,应尽量使混凝土按先低后高进行,并注意分料,不要过分集中。要求:

(1) 仓内有低塘或料面,应按先低后高进行卸料,以免泌水集中带走灰浆。

(2) 由迎水面至背水面把泌水赶至背水面部分,然后处理集中的泌水。

(3) 根据混凝土强度等级分区,先高强度后低强度进行下料,以防止减少高强度区的断面。

(4) 要适应结构物待点。如浇筑块内有廊道、钢管或埋件的仓位,卸料必须两侧平起,廊道、钢管两侧的混凝土高差不得超过铺料的层厚(一般 30~50cm)。

常用的铺料方法有以下三种：

1. 平层浇筑法

平层浇筑法是混凝土按水平层连续地逐层铺填，第一层浇筑完后再浇筑第二层，依次类推，直至达到设计高度，如图 2-23(a)所示。

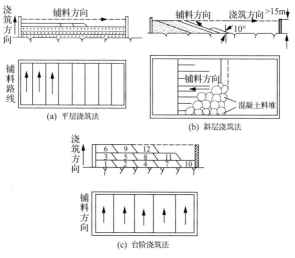

图 2-23 混凝土浇筑方法

平层浇筑法，因浇筑层之间的接触面积大(等于整个仓面面积)，应注意防止出现冷缝(即铺填上层混凝土时，下层混凝土已经初凝)。为了避免产生冷缝，仓面面积 A 和浇筑层厚度 h 必须满足

$$Ah \leqslant KQ(t_2 - t_1) \qquad (2-1)$$

式中：A——浇筑仓面最大水平面积，m^2；

$\qquad h$——浇筑厚度，取决于振捣器的工作深度，一般为 0.3～0.5m；

$\qquad K$——时间延误系数，可取 0.8～0.85；

$\qquad Q$——混凝土浇筑的实际生产能力，m^3/h；

$\qquad t_2$——混凝土初凝时间，h；

$\qquad t_1$——混凝土运输、浇筑所占时间，h。

平层浇筑法实际应用较多,有以下特点:

(1) 铺料的接头明显,混凝土便于振捣,不易漏振;

(2) 平层浇筑法能较好地保持老混凝土面的清洁,保证新老混凝土之间的结合质量;

(3) 适用于不同坍落度的混凝土;

(4) 适用于有廊道、竖井、钢管等结构的混凝土。

2. 斜层浇筑法

当浇筑仓面面积较大,而混凝土拌和、运输能力有限时,采用平层浇筑法容易产生冷缝时,可用斜层浇筑法和台阶浇筑法。

斜层浇筑法是在浇筑仓面从一端向另一端推进,推进中及时覆盖,以免发生冷缝。斜层坡度不超过 10°,否则在平仓振捣时易使砂浆流动,骨料分离,下层已捣实的混凝土也可能产生错动,如图 2-23(b)所示。浇筑块高度一般限制在 1.5m 左右。当浇筑块较薄,且对混凝土采用预冷措施时,斜层浇筑法是较常见的方法,因浇筑过程中混凝土冷量损失较小。

3. 台阶浇筑法

台阶浇筑法是从块体短边一端向另一端铺料,边前进边加高,逐步向前推进并形成明显的台阶,直至把整个仓位浇筑到收仓高程。浇筑坝体迎水面仓位时,应顺坝轴线方向铺料,如图 2-23(c)所示。

施工要求如下:

(1) 浇筑块的台阶层数以 3～5 层为宜,层数过多,易使下层混凝土错动,并使浇筑仓内平仓振捣机械上下频率调动,容易造成漏振。

(2) 浇筑过程中,要求台阶层次分明。铺料厚度一般为 0.3～0.5m,台阶宽度应大于 1.0m,长度应大于 2～3m,坡度不大于 1∶2。

(3) 水平施工缝只能逐步覆盖,必须注意保持老混凝土面的湿润和清洁。接缝砂浆在老混凝土面上边摊铺边浇筑混凝土。

（4）平仓振捣时注意防止混凝土分离和漏振。

（5）在浇筑中如因机械和停电等故障而中止工作时，要做好停仓准备，即必须在混凝土初凝前，把接头处混凝土振捣密实。

应该指出，不管采用上述何种铺筑方法，浇筑时相邻两层混凝土的间歇时间不允许超过混凝土铺料允许间隔时间。混凝土允许间隔时间是指自混凝土拌和机出料口到初凝前覆盖上层混凝土为止的这一段时间，它与气温、太阳辐射、风速、混凝土入仓温度、水泥品种、掺外加剂品种等条件有关，见表2-7。

表 2-7   混凝土浇筑允许间隔时间

混凝土浇筑时的气温/℃	允许间隔时间	
	普通硅酸盐水泥/min	矿渣硅酸盐水泥及火山灰质硅酸盐水泥/min
20～30	90	120
10～20	135	180
5～10	195	

注：本表数值未考虑外加剂、混合料及其他特殊施工措施的影响。

二、平仓

平仓是把卸入仓内成堆的混凝土摊平到要求的均匀厚度。平仓不好会造成离析，使骨料架空，严重影响混凝土质量。

1. 人工平仓

人工平仓用铁锹，平仓距离不超过 3m。只适用以下场合：

（1）在靠近模板和钢筋较密的地方，用人工平仓，使石子分布均匀。

（2）水平止水、止浆片底部要用人工送料填满，严禁料罐直接下料，以免止水、止浆片卷曲和底部混凝土架空。

（3）门槽、机组预埋件等空间狭小的二期混凝土。

（4）各种预埋件、观测设备周围用人工平仓，防止位移和损坏。

2. 振捣器平仓

振捣器平仓时应将振捣器斜插入混凝土料堆下部,使混凝土向操作者位置移动,然后一次一次地插向料堆上部,直至混凝土摊平到规定的厚度为止。如将振捣器垂直插入料堆顶部,平仓工效固然较高,但易造成粗骨料沿锥体四周下滑,砂浆则集中在中间形成砂浆窝,影响混凝土匀质性。经过振动摊平的混凝土表面可能已经泛出砂浆,但内部并未完全捣实,切不可将平仓和振捣合二为一,影响浇筑质量。

三、振捣

振捣是振动捣实的简称,它是保证混凝土浇筑质量的关键工序。振捣的目的是尽可能减少混凝土中的空隙,以清除混凝土内部的孔洞,并使混凝土与模板、钢筋及埋件紧密结合,从而保证混凝土的最大密实度,提高混凝土质量。

1. 混凝土振捣器

混凝土振捣器的分类见表 2-8、表 2-9、图 2-24。

(1)插入式振捣器。根据使用的动力不同,插入式振捣器有电动式、风动式和内燃机式三类。内燃机式仅用于无电源的场合。风动式因其能耗较大、不经济,同时风压和负载变化时会使振动频率显著改变,因而影响混凝土振捣密实质量,逐渐被淘汰。因此一般工程均采用电动式振捣器。电动插入式振捣器又分为三种,见表 2-10。

表 2-8 混凝土振捣器分类

序号	分 类 法	名 称	说 明
1	按振动频率分	低频振捣器 中频振捣器 高频振捣器	频率为 2000~5000r/min 频率为 5000~8000r/min 频率为 8000~20000r/min
2	按动力来源分	电动式振捣器 风动式振捣器 内燃机式振捣器	适用于无电源工地
3	按传振方式分	插入式振捣器 外部振捣器 振动台	又称内部振捣器

表 2-9　　　　　　　　　混凝土振捣器的型号

类	组	型	特性	代号	代号含义
混凝土机械	混凝土振动器 Z(振)	内部振动式 N(内)	P(偏) D(电)	ZN ZPN ZDN	电动软轴行星插入式混凝土振动器 电动软轴偏心插入式混凝土振动器 电机内装插入式混凝土振动器
		外部振动式 (外)	B(平) F(附) D(单) J(架)	ZB ZF ZFD ZJ	平板式混凝土振动器 附着式混凝土振动器 单向振动附着式混凝土振动器 台架式混凝土振动器
	混凝土振动台			ZT	混凝土振动台

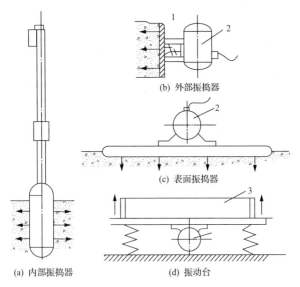

(b) 外部振捣器

(c) 表面振捣器

(a) 内部振捣器

(d) 振动台

图 2-24　混凝土振捣器

1—模板；2—振动器；3—振动台

表 2-10　　　　　　　　　**电动插入式振捣器**

序号	名称	构造	适用范围
1	串激式振捣器	串激式电机拖动，直径 18～50mm	小型构件
2	软轴振捣器	有偏心式、外滚道行星式、内滚道行星式，振捣棒直径 25～100mm	除薄板以外各种混凝土工程
3	硬轴振捣器	直联式，振捣棒直径 80～133mm	大体积混凝土

1) 插入式振捣器的工作原理。按振捣器的激振原理，插入式振捣器可分为偏心式和行星式两种。

偏心式的激振原理如图 2-25(a)所示。利用装有偏心块的转轴(也有将偏心块与转轴做成一体的)作高速旋转时所产生的离心力迫使振捣棒产生剧烈振动。偏心块每转动一周，振捣棒随之振动一次。一般单相或三相异步电动机的转速受电源频率限制只能达到 3000r/min，如插入式振捣器的振动频率要求达到 5000r/min 以上时，则当电机功率小于500W 尚可采用串激式单相高速电机，而当功率为 1kW 甚至更大时，应由变频机组供电，即提供频率较大的电源。

行星式振捣器是一种高频振动器，振动频率在 10000r/min 以上，如图 2-25(b)所示。

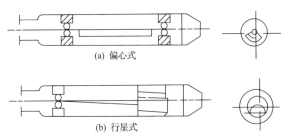

(a) 偏心式

(b) 行星式

图 2-25　插入式振捣器激振原理

行星式振动机构又分为外滚道式和内滚道式，如图 2-26所示。它的壳体内，装入由传动轴带动旋转的滚锥，滚锥沿固定的滚道滚动而产生振动。当电机通过传动轴带动滚锥轴转动时，滚锥除了本身自转外，还绕着轨道"公转"。当滚道与滚锥的直径越接近，这"公转"的次数也就越高，即振动频率越高，如图 2-27 所示。由于公转是靠摩擦产生的，而滚锥与滚道之间会发生打滑，操作时启动振动器可能由于滚锥未接触滚道，所以不能产生公转，这时只需轻轻将振捣

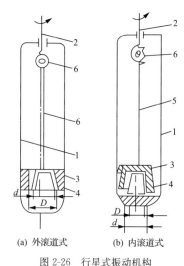

(a) 外滚道式　　　(b) 内滚道式

图 2-26　行星式振动机构

1—壳体；2—传动轴；3—滚锥；4—滚道；5—滚锥轴；6—柔性铰接；

D—滚道直径；d—滚锥直径

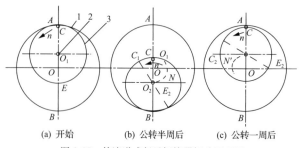

(a) 开始　　　　(b) 公转半周后　　　　(c) 公转一周后

图 2-27　外滚道式行星振捣器振动原理图

1—外滚道；2—滚锥轴；3—滚锥

棒向坚硬物体上敲击一下,使两者接触,便可产生高速的公转。

2) 软轴插入式振捣器。

① 软轴行星式振捣器。图 2-28 为软轴行星式振捣器结构图,由可更换的振捣棒、软轴、防逆装置(单向离合器)及电机等组成。电机安装在可 360°回转的回转支座上,机壳上部装有电机开关和把手,在浇筑现场可单人携带,并可搁置在浇筑部位附近手持软轴进行振捣操作。

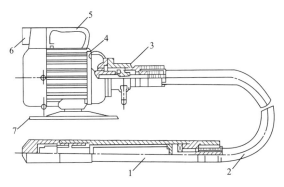

图 2-28　软轴行星式振捣器
1—振捣棒;2—软轴;3—防逆装置;4—电机;5—把手;
6—电机开关;7—电机回转支座

振捣棒是振捣器的工作装置,其外壳由棒头和棒壳体通过螺纹联成一体。壳体上部有内螺纹,与软轴的套管接头密闭衔接。带有滚轴的转轴的上端支承在专用的轴向大游隙球轴承或球面调心轴承中,端头以螺纹与软轴连接,另一端悬空。圆锥形滚道与棒壳紧配,压装在与转轴滚锥相对的部位。

② 软轴偏心式振捣器。图 2-29 为软轴偏心式振捣器,由电机、增速器、软管、软轴和振捣棒等部件组成。软轴偏心式振捣器的电机定子、转子和增速器安装在铝合金机壳内,机壳装在回转底盘上,机体可随振动方向旋转。软轴偏心式振捣器一般配装一台两极交流异步电动机,转速只有2860r/min。

为了提高振动机构内偏心振动子的振动频率,一般在电动机转子轴端至弹簧软轴连接处安装一个增速机构。

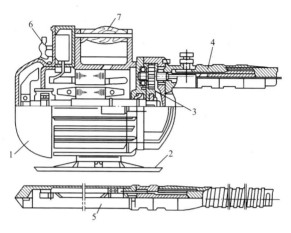

图 2-29　软轴偏心式振捣器

1—电机;2—底盘;3—增速器;4—软轴;5—振捣棒;
6—电路开关;7—手柄

③ 串激式软轴振捣器。串激式软轴振捣器是采用串激式电机为动力的高频偏心软轴插入式振捣器,其特点是交直流两用,体积小,重量轻,转速高,同时电机外形小巧并采用双重绝缘,使用安全可靠,无须单向离合器。它由电机、软轴软管组件、振捣棒等组成,如图 2-30 所示。电机通过短软轴直接与振捣棒的偏心式振动子相连。当电机旋转时,经软轴驱动偏心振动子高速旋转,使振捣棒产生高频振动。

3) 硬轴插入式振捣器。硬轴插入式振捣器也称电动直联插入式振捣器,它将驱动电机与振捣棒联成一体,或将其直接装入振捣棒壳体内,使电机直接驱动振动子,振动子可以做成偏心式或行星式。硬轴插入式振捣器一般适用于大体积混凝土,因其骨料粒径较大,坍落度较小,需要的振动频率较低而振幅较大,所以一般多采用偏心式。

棒径 80mm 以上的硬轴振捣器,目前都采用变频机组供

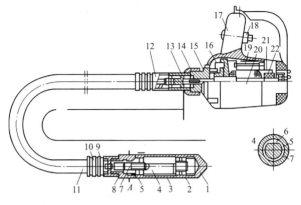

图 2-30　串激式软轴振捣器

1—尖头；2—轴承；3—套管；4—偏心轴；5—鸭舌键；6—半月键；7—紧套；
8—接头；9—软轴；10、13—软管接头；11—软管；12—软轴接头；14—软管紧
定套；15—电机端盖；16—风扇；17—把手；18—开关；19—定子；20—转子；
21—碳刷；22—电枢

电，目的是把浇筑现场三相交流电源的频率由 50Hz 提高到 100Hz、125Hz、150Hz 甚至 200Hz，使振捣器内的三相异步电动机的转速相应地提高到 6000r/min、7500r/min、9000r/min 甚至 12000r/min；同时将电压降至 48V，如遇漏电不致引起触电事故。1 台变频机组可同时给 2～3 台振捣器供电。变频机组与振捣器之间用电缆连接。电缆长度可达 25m，浇筑时变频机组不需经常移动。图 2-31 为 Z_2D-130 型硬轴振捣

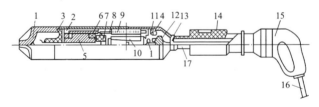

图 2-31　插入式电动硬轴振捣器

1—端塞；2—吸油嘴；3—油盘；4—轴承；5—偏心轴；6—油封座；7—油封；
8—中间壳体；9—定子；10—转子；11—轴承座；12—接线盖；13—尾盖；
14—减振器；15—手柄；16—引出电缆；17—连接管

器的结构图。振捣棒壳体由端塞、中间壳体和尾盖三部分通过螺纹连接成一体,棒壳上部内壁嵌装电动机定子,电动机转子轴的下端固定套装着偏心轴,偏心轴的两端用轴承支承在棒壳内壁上,棒壳尾盖上端接有连接管,管上部设有减振器,用来减弱手柄的振动。电机定子线圈的引出线通过接线盖与引出电缆连接,引出电缆则穿过连接管引出,并与变频机组相接。

变频机组是硬轴插入式振捣器的电源设备。由安装在同一轴上的电动机和低压异步发电机组成。变频电源一方面驱动电动机旋转,另一方面通过保险丝、电源线、碳刷及滑环接入发电机转子激磁,使发电机输出高频率的低压电源,供振捣器使用。

偏心式振捣器的偏心轴所产生的离心力,通过轴承传递给壳体。轴承所受荷载既大,转速又高,在振捣大粒径骨料混凝土时,还要承受大石子给予很大的反向冲击力,因此轴承的使用寿命很短(以净运转时间计算,一般只有 50～100h),并成为振捣器的薄弱环节。而轴承一旦损坏,如未能及时发现并更换,还会引起电动机转子与定子内孔碰擦,线圈短路烧毁。因此,硬轴振捣器应注意日常维护。

(2)外部式振捣器。外部式振捣器包括附着式、平板(梁)式及振动台三种类型。附着式振捣器和平板(梁)式振捣器的振捣作用都是由混凝土表面传入的,其区别仅在于附着式振捣器本身无振板,用螺栓或夹具固定在混凝土结构的模板上进行振捣,模板就是它的振板;而平板(梁)式振捣器则自带振板,可直接放置在混凝土表面进行振捣。

1)附着式振捣器。附着式振捣器由电机、偏心块式振动子组合而成,外形如同一台电动机,如图 2-32 所示。机壳一般采用铸铝或铸铁制成,有的为便于散热,在机壳上铸有环状或条状凸肋形散热翼。附着式振捣器是在一个三相二极电动机转子轴的两个伸出端上各装有一个圆盘形偏心块,振捣器的两端用端盖封闭。端盖与轴承座机壳用三只长螺栓紧固,以便维修。外壳上有四个地脚螺钉孔,使用时用地脚螺栓将振捣器固定在模板或平板上进行作业。

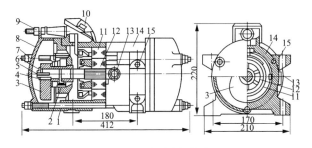

图 2-32　附着式振捣器

1—轴承座;2—轴承;3—偏心轮;4—键;5—螺丝钉;6—转子轴;7—长螺栓;
8—端盖;9—电源线;10—接线盒;11—定子;12—转子;13—定子紧固螺丝;
14—外壳;15—地脚螺丝孔

附着式振捣器的偏心振动子安装在电机转子轴的两端,由轴承支承。电机转动带动偏心振动子运动,由于偏心力矩作用,振捣器在运转中产生振动力进行振捣密实作业。

2) 平板(梁)式振捣器。平板(梁)式振捣器有两种型式,一是在上述附着式振捣器底座上用螺栓紧固一块木板或钢板(梁),通过附着式振捣器所产生的激振力传递给振板,迫使振板振动而振实混凝土,如图 2-33 所示;另一类是定型的平板(梁)式振捣器,振板为钢制槽形(梁形)振板,上有把手,便于边振捣边拖行,更适用于大面积的振捣作业,如图 2-34 所示。

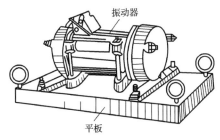

图 2-33　简易平板式振捣器

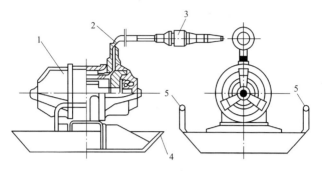

图 2-34　槽形平板式振捣器

1—振动电机;2—电缆;3—电缆接头;4—钢制槽形振板;5—手柄

上述外部式振捣器空载振动频率在 2800~2850r/min 之间,由于振捣频率低,混凝土拌和物中的气泡和水分不易逸出,振捣效果不佳。近年来已开始采用变频机组供电的附着式和平板式振捣器,振捣频率可达 9000~12000r/min,振捣效果较好。

3) 振动台。混凝土振动台,又称台式振捣器。它是一种使混凝土拌和物振动成型的机械。其机架一般支承在弹簧上,机架下装有激振器,机架上安置成型制品的钢模板,模板内装有混凝土拌和物。在激振器的作用下,机架连同模板及混合料一起振动,使混凝土拌和物密实成型,如图 2-35 所示。

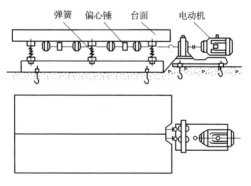

图 2-35　混凝土振动台

2. 振捣器的使用

（1）插入式振捣器的使用。

1）振捣器使用前的检查。

① 电机接线是否正确，电压是否稳定，外壳接地是否完好，工作中亦应随时检查。

② 电缆外皮有无破损或漏电现象。

③ 振捣棒连接是否牢固和有无破损，传动部分两端及电机壳上的螺栓是否拧紧，软轴接头是否接好。

④ 检查电机的绝缘是否良好，电机定子绕组绝缘不小于 0.5mΩ。如绝缘电阻低于 0.5mΩ，应进行干燥处理。有条件时，可采用红外线干燥炉、喷灯等进行烘烤，但烘烤温度不宜高于 100℃；也可采用短路电流法，即将转子制动，在定子线圈内通入电压为额定值 10%～15% 的电源，使其线圈发热，慢慢干燥。

2）接通电源，进行试运转。

① 电机的旋转方向应为顺时针方向（从风罩端看），并与机壳上的红色箭头标示方向一致。

② 当软轴传动与电机结合紧固后，电机启动时如发现软轴不转动或转动速度不稳定，单向离合器中发出"嗒嗒"的声音，则说明电机旋转方向反了，应立即切断电源，将三相进线中的任意两线交换位置。

③ 电机运转正确时振捣棒应发出"呜呜……"的叫声，振动稳定而有力。如果振捣棒有"哗哗……"声而不振动，这是由于启动振捣棒后滚锥未接触滚道，滚锥不能产生公转而振动，这时只需轻轻将振捣棒向坚硬物体上敲动一下，使两者接触，即可正常振动。

3）振捣器的操作。振捣在平仓之后立即进行，此时混凝土流动性好，振捣容易，捣实质量好。振捣器的选用，对于素混凝土或钢筋稀疏的部位，宜用大直径的振捣棒；坍落度小的干硬性混凝土，宜选用高频和振幅较大的振捣器。振捣作业路线保持一致，并顺序依次进行，以防漏振。振捣棒尽可能垂直地插入混凝土中。如振捣棒较长或把手位置较高，垂直插入感到操作不便时,也可略带倾斜,但与水平面夹角不宜小于 45°,且每次倾斜方向应保持一致,否则下部混凝土将会发生漏振。这时作用轴线应平行,如不平行也会出现漏振点(见图 2-36)。

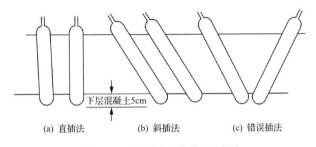

(a) 直插法   (b) 斜插法   (c) 错误插法

图 2-36　插入式振捣器操作示意图

振捣棒应快插、慢拔。插入过慢,上部混凝土先捣实,就会阻止下部混凝土中的空气和多余的水分向上逸出;拔得过快,周围混凝来不及填铺振捣棒留下的孔洞,将在每一层混凝土的上半部留下只有砂浆而无骨料的砂浆柱,影响混凝土的强度。为使上下层混凝土振捣密实均匀,可将振捣棒上下抽动,抽动幅度为 5~10cm。振捣棒的插入深度,在振捣第一层混凝土时,以振捣器头部不碰到基岩或老混凝土面,但相距不超过 5cm 为宜;振捣上层混凝土时,则应插入下层混凝土 5cm 左右,使上下两层结合良好。在斜坡上浇筑混凝土时,振捣棒仍应垂直插入,并且应先振低处,再振高处,否则在振捣低处的混凝土时,已捣实的高处混凝土会自行向下流动,致使密实性受到破坏。软轴振捣棒插入深度为棒长的3/4,过深软轴和振捣棒结合处容易损坏。

振捣棒在每一孔位的振捣时间,以混凝土不再显著下沉,水分和气泡不再逸出并开始泛浆为准。振捣时间和混凝土坍落度、石子类型及最大粒径、振捣器的性能等因素有关,一般为 20~30s。振捣时间过长,不但降低工效,且使砂浆上浮过多,石子集中下部,混凝土产生离析,严重时,整个浇筑层呈"千层饼"状态。

振捣器的插入间距控制在振捣器有效作用半径的 1.5 倍以内,实际操作时也可根据振捣后混凝土表面留下的圆形泛浆区域能否在正方形排列(直线行列移动)的 4 个振捣孔径的中点[图 2-37(a)中的 A、B、C、D 点],或三角形排列(交错行列移动)的 3 个振捣孔位的中点[图 2-37(b)中的 A、B、C、D、E、F 点]相互衔接来判断。在模板边、预埋件周围、布置有钢筋的部位以及两罐(或两车)混凝土卸料的交界处,宜适当减少插入间距,以加强振捣,但不宜小于振捣棒有效作用半径的 1/2,并注意不能触及钢筋、模板及预埋件。

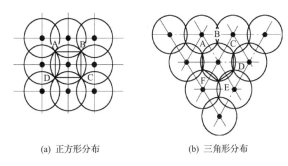

(a) 正方形分布   (b) 三角形分布

图 2-37　振捣孔布置

为提高工效,振捣棒插入孔位尽可能呈三角形分布。据计算,三角形分布较正方形分布工效可提高 30%,此外,将几个振捣器排成一排,同时插入混凝土中进行振捣。这时两台振捣器之间的混凝土可同时接收到这两台振捣器传来的振动,振捣时间可因此缩短,振动作用半径也即加大。

振捣时出现砂浆窝时应将砂浆铲出,用脚或振捣棒从旁边将混凝土压送至该处填补,不可将别处石子移来(重新出现砂浆窝)。如出现石子窝,按同样方法将松散石子铲出同样填补。振捣中发现泌水现象时,应经常保持仓面平整,使泌水自动流向集水地点,并用人工掏除。泌水未引走或掏除前,不得继续铺料、振捣。集水地点不能固定在一处,应逐层变换掏水位置,以防弱点集中在一处。也不得在模板上开洞引水自流或将泌水表层砂浆排出仓外。

振捣器的电缆线应注意保护,不要被混凝土压住。万一压住时,不要硬拉,可用振捣棒振动其附近的混凝土,使其液化,然后将电缆线慢慢拔出。

软轴式振捣器的软轴不应弯曲过大,弯曲半径一般不宜小于50cm,也不能多于两弯,电动直联偏心式振捣器因内装电动机,较易发热,主要依靠棒壳周围混凝土进行冷却,不要让它在空气中连续空载运转。

工作时,一旦发现有软轴保护套管橡胶开裂、电缆线表皮损伤、振捣棒声响不正常或频率下降等现象时,应立即停机处理或送修拆检。

(2) 外部式振捣器的使用。

1) 外部式振捣器使用前的准备工作。

① 振捣器安装时,底板的安装螺孔位置应正确,否则底脚螺栓将扭斜,并使机壳受到不正常的应力,影响使用寿命。底脚螺栓的螺帽必须紧固,防止松动,且要求四只螺栓的紧固程度保持一致。

② 如插入式振捣器一样检查电机、电源等内容。

③ 在松软的平地上进行试运转,进一步检查电气部分和机械部分运转情况。

2) 外部式振捣器的操作。

① 操作人员应穿绝缘胶鞋、戴绝缘手套,以防触电。

② 平板式振捣器要保持拉绳干燥和绝缘,移动和转向时,应蹬踏平板两端,不得蹬踏电机。操作时可通过倒顺开关控制电机的旋转方向,使振捣器的电机旋转方向正转或反转从而使振捣器自动地向前或向后移动。沿铺料路线逐行进行振捣,两行之间要搭接5cm左右,以防漏振。

振捣时间仍以混凝土拌和物停止下沉、表面平整,往上返浆且已达到均匀状态并充满模时,表明已振实,可转移作业面。时间一般为30s左右。在转移作业面时,要注意电缆线勿被模板、钢筋露头等挂住,防止拉断或造成触电事故。

振捣混凝土时,一般横向和竖向各振捣一遍即可,第一遍主要是密实,第二遍是使表面平整,其中第二遍是在已振捣密实的混凝土面上快速拖行。

③ 附着式振捣器安装时应保证转轴水平或垂直,如图2-38 所示。在一个模板上安装多台附着式振捣器同时进行作业时,各振捣器频率必须保持一致,相对安装的振捣器的位置应错开。振捣器所装置的构件模板要坚固牢靠,构件的面积应与振捣器的额定振动板面积相适应。

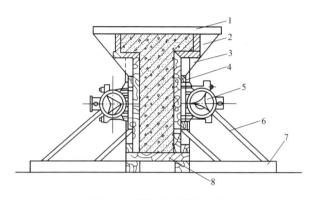

图 2-38　附着式振捣器的安装

1—模板面卡;2—模板;3—角撑;4—夹木枋;5—附着式振捣器;6—斜撑;
7—底模枋;8—纵向底枋

3) 混凝土振动台是一种强力振动成型机械装置,必须安装在牢固的基础上,地脚螺栓应有足够的强度并拧紧。在振捣作业中,必须安置牢固可靠的模板锁紧夹具,以保证模板和混凝土与台面一起振动。

第五节　混凝土养护与保护

一、混凝土养护

混凝土浇筑完毕后,在一个相当长的时间内,应保持其适当的温度和足够的湿度,以造成混凝土良好的硬化条件,这就是混凝土的养护工作。混凝土表面水分不断蒸发,如不设法防止水分损失,水化作用未能充分进行,混凝土的强度将受到影响,还可能产生干缩裂缝。因此混凝土养护的目的：一是创造有利条件,使水泥充分水化,加速混凝土的硬化;二是防止混凝土成型后因暴晒、风吹、干燥等自然因素影响,出现不正常的收缩、裂缝等现象。

混凝土的养护方法分为自然养护和热养护两类,见表2-11。养护时间取决于当地气温、水泥品种和结构物的重要性,见表2-12。

表 2-11 混凝土的养护

类别	名称	说明
自然养护	洒水(喷雾)养护	在混凝土面不断洒水(喷雾),保持其表面湿润
	覆盖浇水养护	在混凝土面覆盖湿麻袋、草袋、湿砂、锯末等,不断洒水保持其表面湿润
	围水养护	四周围成土埂,将水蓄在混凝土表面
	铺膜养护	在混凝土表面铺上薄膜,阻止水分蒸发
	喷膜养护	在混凝土表面喷上薄膜,阻止水分蒸发
热养护	蒸汽养护	利用热蒸汽对混凝土进行湿热养护
	热水(热油)养护	将水或油加热,将构件搁置在其上养护
	电热养护	对模板加热或微波加热养护
	太阳能养护	利用各种罩、窑、集热箱等封闭装置对构件进行养护

表 2-12 混凝土养护时间

水泥种类	养护时间/d
硅酸盐水泥、普通硅酸盐水泥	14
火山灰质硅酸盐水泥、矿渣硅酸盐水泥、粉煤灰硅酸盐水泥、硅酸盐大坝水泥	21

注:重要部位和利用后期强度的混凝土,养护时间不少于28d。夏季和冬季施工的混凝土,以及有温度控制要求混凝土养护时间按设计要求进行。

二、混凝土保护

1. 混凝土表面保护的目的和作用

(1)在低温季节,混凝土表面保护可减小混凝土表层温度梯度及内外温差,保持混凝土表面温度,防止产生裂缝。

（2）在高温季节，对混凝土表面进行保护，可防止外界高温热量向混凝土倒灌。如某工程用 4cm 厚棉被套及一层塑料布覆盖新浇筑混凝土顶面，它较不设覆盖的混凝土表层气温低 7～8℃。

（3）减小混凝土表层温度年变化幅度，可防止因年变幅过大产生混凝土开裂。

（4）防止混凝土产生超冷，避免产生贯穿裂缝。

（5）延缓混凝土的降温速度，以减小新老混凝土上、下层的约束温差。

2. 表面保护的分类

按持续时间分类见表 2-13，按材料性状分类见表 2-14。

表 2-13　　　　　按持续时间分类的表面保护

分类	保护目的	保护持续时间	保温部位
短期保护	防止混凝土早期由于寒潮或拆模等引起温度骤降而发生表面裂缝	根据当地气温情况，经论证确定。一般 3～15d	浇筑块侧面、顶面
长期保护	减小气温年变化的影响	数月至数年	坝体上、下游面或长期外露面
冬季保护	防裂及防冻	根据不同需要，延至整个冬季	浇筑块侧面、顶面

表 2-14　　　　　按材料性状分类的表面保护

分类	保护材料	保护部位
层状保护	稻草帘、稻草袋、玻璃棉毡、油毛毡、泡沫塑料毡和岩棉板	侧面、顶面
粒状保护	锯末、砂、炉渣、各种砂质土壤	顶面
板式保护	混凝土板、木丝板、刨花板、泡沫苯乙烯板、锯末板、厚纸板、泡沫混凝土板、稻草板	侧面
组合式保护	板材做成箱、内装粒状材料、气垫	寒冷地区使用于侧面
喷涂式保护	珍珠岩、高分子塑料	侧面、高空部位

3. 表面保护材料选用原则

根据混凝土表面保护的目的不同(防冻和防裂或兼而有之),应选择不同的保护措施。一般情况,防冻是短期的,而防裂是长期的。所以,在选用保护材料和其结构型式时,要注意长短期结合。

尽量选用不易燃、吸湿性小、耐久和便于施工的材料。混凝土板、木丝板、岩棉板、泡沫混凝土、珍珠岩、泡沫塑料板等材料应优先选用。

4. 保护层结构型式的选用

(1) 需长期保护的侧面,保护层应放在模板的内侧,或者用保护层代替模板的面板。岩棉板、泡沫混凝土板、泡沫塑料板、珍珠岩板等可以用于前者;木丝板、大颗粒珍珠岩可用于后者。在保护材料内侧应放一层油毡纸或塑料布,防止保护材料吸收混凝土中的水分。这种保护的优点是,拆模时只把模板或模板的承重架拆除,保护层仍留在混凝土表面,这样,既能保证模板的周转使用,又避免了二次保护的工作。

(2) 短期保护的侧面,依照保护要求和保护材料的放热系数确定保护层的结构型式,在寒冷地区最好采用组合式保护。

第六节　混凝土施工缺陷及修补

混凝土施工缺陷分外部缺陷和内部缺陷两类。

一、外部缺陷

1. 麻面

麻面是指混凝土表面呈现出无数绿豆大小的不规则的小凹点。

(1) 混凝土麻面产生的原因:①模板表面粗糙、不平滑;②浇筑前没有在模板上洒水湿润,湿润不足,浇筑时混凝土的水分被模板吸去;③涂在钢模板上的油质脱模剂过厚,液体残留在模板上;④使用旧模板,板面残浆未清理,或清理不彻底;⑤新拌混凝土浇灌入模后,停留时间过长,振捣时已有部分凝结;⑥混凝土振捣不足,气泡未完全排出,有部分留在模板表面;⑦模板拼缝漏浆,构件表面浆少,或成为凹点,或成为若断若续的凹线。

(2)混凝土麻面的预防措施:①模板表面应平滑;②浇筑前,不论是哪种模型,均需浇水湿润,但不得积水;③脱模剂涂擦要均匀,模板有凹陷时,注意将积水拭干;④旧模板残浆必须清理干净;⑤新拌混凝土必须按水泥或外加剂的性质,在初凝前振捣;⑥尽量将气泡排出;⑦浇筑前先检查模板拼缝,对可能漏浆的缝,设法封嵌。

(3)混凝土麻面的修补。混凝土表面的麻点,如对结构无大影响,可不作处理。如需处理,方法如下:①用稀草酸溶液将该处脱模剂油点,或污点用毛刷洗净,于修补前用水湿透;②修补用的水泥品种必须与原混凝土一致,砂子为细砂,粒径最大不宜超过 1mm;③水泥砂浆配合比为 1:2～1:2.5,由于数量不多,可用人工在小灰桶中拌匀,随拌随用;④按照漆工刮腻子的方法,将砂浆用刮刀大力压入麻点内,随即刮平;⑤修补完成后,即用草帘或草席进行保湿养护。

2. 蜂窝

蜂窝是指混凝土表面无水泥浆,形成蜂窝状的孔洞,形状不规则,分布不均匀,露出石子深度大于 5mm,不露主筋,但有时可能露箍筋。

(1)混凝土蜂窝产生的原因:①配合比不准确,砂浆少,石子多;②搅拌用水过少;③混凝土搅拌时间不足,新拌混凝土未拌匀;④运输工具漏浆;⑤使用干硬性混凝土,但振捣不足;⑥模板漏浆,加上振捣过度。

(2)混凝土蜂窝的预防方法:①砂率不宜过小;②计量器具应定期检查;③用水量如少于标准,应掺用减水剂;④搅拌时间应足够;⑤注意运输工具的完好性,及时修理;⑥振捣工具的性能必须与混凝土的坍落度相适应;⑦浇筑前必须检查和嵌填模板拼缝,并浇水湿润;⑧浇筑过程中,有专人巡视模板。

(3)混凝土蜂窝修补。如系小蜂窝,可按麻面方法修补。

如系较大蜂窝,按以下方法修补:①将修补部分的软弱部分凿去,用高压水及钢丝刷将基层冲洗干净;②修补用的水泥应与原混凝土的一致,砂子用中粗砂;③水泥砂浆的配合比为1∶2~1∶3,应搅拌均匀;④按照抹灰工的操作方法,用抹子大力将砂浆压入蜂窝内刮平;在棱角部位用靠尺将棱角取直;⑤修补完成后即用草帘或草席进行保湿养护。

3. 混凝土露筋、空洞

主筋没有被混凝土包裹而外露,或在混凝土孔洞中外露的缺陷称之为露筋。混凝土表面有超过保护层厚度,但不超过截面尺寸1/3的缺陷,称之为空洞。

(1) 混凝土出现露筋、空洞的原因:①漏放保护层垫块或垫块位移;②浇灌混凝土时投料距离过高过远,又没有采取防止离析的有效措施;③搅拌机卸料入吊斗或小车时,或运输过程中有离析,运至现场又未重新搅拌;④钢筋较密集,粗骨料被卡在钢筋上,加上振捣不足或漏振;⑤采用干硬性混凝土而又振捣不足。

(2) 露筋、空洞的预防措施:①浇筑混凝土前应检查垫块情况;②应采用合适的混凝土保护层垫块;③浇筑高度不宜超过2m;④浇灌前检查吊斗或小车内混凝土有无离析;⑤搅拌站要按配合比规定的规格使用粗骨料;⑥如为较大构件,振捣时专人在模板外用木槌敲打,协助振捣;⑦构件的节点、柱的牛腿、桩尖或桩顶、有抗剪筋的吊环等处钢筋较密,应特别注意捣实;⑧加强振捣;⑨模板四周用人工协助捣实;如为预制构件,在钢模周边用抹子插捣。

(3) 混凝土露筋、空洞的处理措施:①将修补部位的软弱部分及突出部分凿去,上部向外倾斜,下部水平;②用高压水及钢丝刷将基层冲洗干净,修补前用湿麻袋或湿棉纱头填满,使旧混凝土内表面充分湿润;③修补用的水泥品种应与原混凝土一致,小石混凝土强度等级应比原设计高一级;④如条件许可,可用喷射混凝土修补;⑤安装模板浇筑;⑥混凝土可加微量膨胀剂;⑦浇筑时,外部应比修补部位稍高;⑧修补部分达到结构设计强度时,凿除外倾面。

4. 混凝土施工裂缝

(1) 混凝土施工裂缝产生的原因:①暴晒或风大,水分蒸发过快,出现的塑性收缩裂缝;②混凝土塑性过大,成型后发生沉陷不均,出现的塑性沉陷裂缝;③配合比设计不当引起的干缩裂缝;④骨料级配不良,又未及时养护引起的干缩裂缝;⑤模板支撑刚度不足,或拆模工作不慎,外力撞击的裂缝。

(2) 混凝土施工裂缝的预防方法:①成型后立即进行覆盖养护,表面要求光滑,可采用架空措施进行覆盖养护;②配合比设计时,水灰比不宜过大;搅拌时,严格控制用水量;③水灰比不宜过大,水泥用量不宜过多,灰骨比不宜过大;④骨料级配中,细颗粒不宜偏多;⑤浇筑过程应有专人检查模板及支撑;⑥注意及时养护;⑦拆模时,尤其是使用吊车拆大模板时,必须按顺序进行,不能强拆。

(3) 混凝土施工裂缝的修补。

1) 混凝土微细裂缝修补:①用注射器将环氧树脂溶液黏结剂或甲凝溶液黏结剂注入裂缝内;②注射时宜在干燥、有阳光的时候进行;裂缝部位应干燥,可用喷灯或电风筒吹干;在缝内湿气逸出后进行;③注射时,从裂缝的下端开始,针头应插入缝内,缓慢注入;使缝内空气向上逸出,黏结剂在缝内向上填充。

2) 混凝土浅裂缝的修补:①顺裂缝走向用小凿刀将裂缝外部扩凿成 V 形,宽 5～6mm,深度等于原裂缝;②用毛刷将 V 形槽内颗粒及粉尘清除,用喷灯为或电风筒吹干;③用漆工刮刀或抹灰工小抹刀将环氧树脂胶泥压填在 V 形槽上,反复搓动,务使紧密黏结;④缝面按需要做成与结构面齐平,或稍微突出成弧形。

3) 混凝土深裂缝的修补。做法是将微细缝和浅缝两种措施合并使用:①先将裂缝面凿成 V 形或凹形槽;②按上述办法进行清理、吹干;③先用微细裂缝的修补方法向深缝内注入环氧或甲凝黏结剂,填补深裂缝;④上部开凿的槽坑按浅裂缝修补方法压填环氧胶泥黏结剂。

二、内部缺陷

1. 混凝土空鼓

混凝土空鼓常发生在预埋钢板下面。产生的原因是浇灌预埋钢板混凝土时,钢板底部未饱满或振捣不足。

预防方法:①如预埋钢板不大,浇灌时用钢棒将混凝土尽量压入钢板底部;浇筑后用敲击法检查;②如预埋钢板较大,可在钢板上开几个小孔排除空气,亦可作观察孔。

混凝土空鼓的修补:①在板外挖小槽坑,将混凝土压入,直至饱满,无空鼓声为止。②如钢板较大或估计空鼓较严重,可在钢板上钻孔,用灌浆法将混凝土压入。

2. 混凝土强度不足

混凝土强度不足产生的原因:①配合比计算错误;②水泥出厂期过长,或受潮变质,或袋装重量不足;③粗骨料针片状较多,粗、细骨料级配不良或含泥量较多;④外加剂质量不稳定;⑤搅拌机内残浆过多,或传动皮带打滑,影响转速;⑥搅拌时间不足;⑦用水量过大,或砂、石含水率未调整,或水箱计量装置失灵;⑧秤具或秤量斗损坏,不准确;⑨运输工具灌浆,或经过运输后严重离析;⑩振捣不够密实。

混凝土强度不足是质量上的大事故。处理方案由设计单位决定。通常处理方法有:

(1)强度相差不大时,先降级使用,待龄期增加,混凝土强度发展后,再按原标准使用。

(2)强度相差较大时,经论证后采用水泥灌浆或化学灌浆补强。

(3)强度相差较大而影响较大时,拆除返工。

第七节　混凝土冬季、夏季及雨季施工

一、混凝土冬季施工

1. 混凝土冬季施工的一般要求

现行施工规范规定:日平均气温连续 5d 稳定在 5℃以下或最低气温连续 5d 稳定在 3℃以下时,均属于低温季节,这就需要采取相应的防寒保温措施,避免混凝土受到冻害。

混凝土在低温条件下,水化凝固速度大为降低,强度增长受到阻碍。当气温在−2℃时,混凝土内部水分结冰,不仅水化作用完全停止,而且结冰后由于水的体积膨胀,使混凝土结构受到损害,当冰融化后,水化作用虽将恢复,混凝土强度也可继续增长,但最终强度必然降低。试验资料表明:混凝土受冻越早,最终强度降低越大。如在浇筑后 3~6h 受冻,最终强度至少降低 50%以上;如在浇筑后 2~3d 受冻,最终强度降低只有 15%~20%。如混凝土强度达到设计强度的 50%以上(在常温下养护 3~5d)时再受冻,最终强度则降低极小,甚至不受影响,因此,低温季节混凝土施工,首先要防止混凝土早期受冻。

2. 冬季施工措施

低温季节混凝土施工可以采用人工加热、保温蓄热及加速凝固等措施,使混凝土入仓浇筑温度不低于 5℃;同时保证混凝土浇筑后的正温养护条件,在未达到允许受冻临界强度以前不遭受冻结。

(1) 调整配合比和掺外加剂。

1) 对非大体积混凝土,采用发热量较高的快凝水泥;

2) 提高混凝土的配制强度;

3) 掺早强剂或早强剂减水剂。其中氯盐的掺量应按有关规定严格控制,并不适应于钢筋混凝土结构;

4) 采用较低的水灰比;

5) 掺加气剂可减缓混凝土冻结时在其内部水结冰时产生的静水压力,从而提高混凝土的早期抗冻性能。但含气量应限制在 3%~5%。因为,混凝土中含气量每增加 1%,会使强度损失 5%,为弥补由于加气剂招致的强度损失,最好与减水剂并用。

(2) 原材料加热法。当日平均气温为−2~−5℃时,应加热水拌和;当气温再低时,可考虑加热骨料。水泥不能加热,但应保持正温。

水的加热温度不能超过 80℃,并且要先将水和骨料拌和后,这时水不超过 60℃,以免水泥产生假凝。所谓假凝是指拌和水温超过 60℃时,水泥颗粒表面将会形成一层薄的硬壳,使混凝土和易性变差,而后期强度降低的现象。

砂石加热的最高温度不能超过 100℃,平均温度不宜超过 65℃,并力求加热均匀。对大中型工程,常用蒸汽直接加热骨料,即直接将蒸汽通过需要加热的砂、石料堆中,料堆表面用帆布盖好,防止热量损失。

(3)蓄热法。蓄热法是将浇筑好的混凝土在养护期间用保温材料加以覆盖,尽可能把混凝土在浇筑时所包含的热量和凝固过程中产生的水化热蓄积起来,以延缓混凝土的冷却速度,使混凝土在达到抗冰冻强度以前,始终保证正温。

(4)加热养护法。当采用蓄热法不能满足要求时可以采用加热养护法,即利用外部热源对混凝土加热养护,包括暖棚法、蒸汽加热法和电热法等。大体积混凝土多采用暖棚法,蒸汽加热法多用于混凝土预制构件的养护。

1)暖棚法。即在混凝土结构周围用保温材料搭成暖棚,在棚内安设热风机、蒸汽排管、电炉或火炉进行采暖,使棚内温度保持在 15～20℃以上,保证混凝土浇筑和养护处于正温条件下。暖棚法费用较高,但暖棚为混凝土硬化和施工人员的工作创造了良好的条件。此法适用于寒冷地区的混凝土施工。

2)蒸汽加热法。利用蒸汽加热养护混凝土,不仅使新浇混凝土得到较高的温度,而且还可以得到足够的湿度,促进水化凝固作用,使混凝土强度迅速增长。

3)电热法。是用钢筋或薄铁片作为电极,插入混凝土内部或贴附于混凝土表面,利用新浇筑混凝土的导电性和电阻大的特点,通以 50～100V 的低压电,直接对混凝土加热,使其尽快达到抗冻强度。由于耗电量大,大体积混凝土较少采用。

上述几种施工措施,在严寒地区往往是同时采用,并要求在拌和、运输、浇筑过程中,尽量减少热量损失。

3. 冬季施工注意事项

(1) 砂石骨料宜在进入低温季节前筛洗完毕。成品料堆应有足够的储备和堆高,并进行覆盖,以防冰雪和冻结。

(2) 拌和混凝土前,应用热水或蒸汽冲洗搅拌机,并将水或冰排除。

(3) 混凝土的拌和时间应比常温季节适当延长。延长时间应通过试验确定。

(4) 在岩石基础或老混凝土面上浇筑混凝土前,应检查其温度。如为负温,应将其加热成正温。加热深度不小于10cm,并经验证合格方可浇筑混凝土。仓面清理宜采用喷洒温水配合热风枪,寒冷期间也可采用蒸汽枪,不宜采用水枪或风水枪。在软基上浇筑第一层混凝土时,必须防止与地基接触的混凝土遭受冻害和地基受冻受形。

(5) 混凝土搅拌机应设在搅拌棚内并设有采暖设备,棚内温度应高于5℃。混凝土运输容器应有保温装置。

(6) 浇筑混凝土前和浇筑过程中,应注意清除钢筋、模板和浇筑设施上附着的冰雪和冻块,严禁将冻雪冻块带入仓内。

(7) 在低温季节施工的模板,一般在整个低温期间都不宜拆除。如果需要拆除,要求:

1) 混凝土强度必须大于允许受冻的临界强度;

2) 具体拆模时间及拆模后的要求,应满足温控制防裂要求。当预计拆模后混凝土表面降温可能超过6～9℃时,应推迟拆模时间,如必须拆模时,应在拆模后采取保护措施。

(8) 低温季节施工期间,应特别注意温度检查。

二、混凝土夏季施工

1. 高温环境对新拌及刚成型混凝土的影响

(1) 拌制时,水泥容易出现假凝现象。

(2) 运输时,坍落度损失大,捣固或泵送困难。

（3）成型后直接暴晒或干热风影响，混凝土面层急剧干燥，外硬内软，出现塑性裂缝。

（4）昼夜温差较大，易出现温差裂缝。

2. 夏季高温期混凝土施工的技术措施

（1）原材料。

1）掺用外加剂（缓凝剂、减水剂）；

2）用水化热低的水泥；

3）供水管埋入水中，贮水池加盖，避免太阳直接暴晒；

4）当天用的砂、石用防晒棚遮蔽；

5）用深井冷水或冰水拌和，但不能直接加入冰块。

（2）搅拌运输。

1）送料装置及搅拌机不宜直接暴晒，应有荫棚；

2）搅拌系统尽量靠近浇筑地点；

3）运输设备表面应遮盖。

（3）模板。

1）因干缩出现的模板裂缝，应及时填塞；

2）浇筑前充分将模板淋湿。

（4）浇筑。

1）适当减小浇筑层厚度，从而减少内部温差；

2）浇筑后立即用薄膜覆盖，不使水分外逸；

3）露天预制场宜设置可移动荫棚，避免制品直接暴晒。

三、混凝土雨季施工

混凝土工程在雨季施工时，应做好以下准备工作：

（1）砂石料场的排水设施应畅通无阻；

（2）浇筑仓面宜有防雨设施；

（3）运输工具应有防雨及防滑设施；

（4）加强骨料含水量的测定工作，注意调整拌和用水量。

混凝土在无防雨棚仓面小雨中进行浇筑时，应采取以下技术措施：

（1）减少混凝土拌和用水量；

（2）加强仓面积水的排除工作；

（3）做好新浇混凝土面的保持工作；

（4）防止周围雨水流入仓面。

无防雨棚的仓面，在浇筑过程中，如遇大雨、暴雨，应立即停止浇筑，并遮盖混凝土表面。雨后必须先行排除仓内积水，受雨水冲刷的部位应立即处理。如停止浇筑的混凝土尚未超出允许间歇时间或还能重塑时，应加砂浆继续浇筑，否则应按施工缝处理。

对抗冲、耐磨、需要抹面部位及其他高强度混凝土不允许在雨下施工。

第三章

大体积混凝土施工

一般把结构最小尺度大于2m的混凝土称为大体积混凝土。大体积混凝土要求控制水泥水化产生的热量及伴随发生的体积变化，尽量减少温度裂缝。

第一节　大体积混凝土温度控制

混凝土温控的基本目的是为了防止混凝土发生温度裂缝，以保证建筑物的整体性和耐久性。温控和防裂的主要措施有降低混凝土水化热温升、降低混凝土浇筑温度、混凝土人工冷却散热和表面保护等。

一、混凝土温度变化过程

水泥在凝结硬化过程中会放出大量的水化热。水泥在开始凝结时放热较快，以后逐渐变慢，普通水泥最初3d放出的总热量占总水化热的50%以上。水泥水化热与龄期的关系曲线如图3-1所示。图中Q_0为水泥的最终发热量(J/kg)，其中m为系数，它与水泥品种及混凝土入仓温度有关。

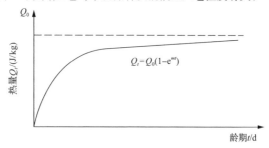

图3-1　水泥水化热与龄期关系曲线

混凝土的温度随水化热的逐渐释放而升高,当散热条件较好时,水化热造成的最高温度升高值并不大,也不致使混凝土产生较大裂缝。而当混凝土的浇筑块尺寸较大时,其散热条件较差,由于混凝土导热性能不良,水化热基本上都积蓄在浇筑块内,从而引起混凝土温度明显升高,有时混凝土块体中部温度可达 60~80℃。由于混凝土温度高于外界气温,随着时间的延续,热量慢慢向外界散发,块体内温度逐渐下降。这种自然散热过程甚为漫长,要经历几年以至几十年的时间水化热才能基本消失。此后,块体温度即趋近于稳定状态。在稳定期内,内部温度基本稳定,而表层混凝土温度则随外界温度的变化而呈周期性波动。由此可见,大体积混凝土温度变化一般经历升温期、冷却期和稳定期三个时期,如图 3-2 所示。

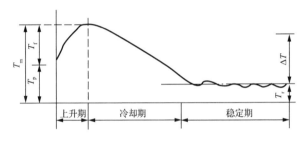

图 3-2　大体积混凝土温度变化过程

由图可知

$$\Delta T = T_m - T_f = T_p + T_r - T_f \qquad (3-1)$$

由于稳定温度 T_f 值变化不大,所以要减少温差,就必须采取措施降低混凝土入仓温度 T_p 和混凝土的最大温升 T_r。

二、温度应力与温度裂缝

混凝土温度的变化会引起混凝土体积变化,即温度变形。而温度变形一旦受到约束不能自由伸缩时,就必然引起温度应力。若为压应力,通常无大的危害;若为拉应力,当超过混凝土抗拉强度极限时,就会产生温度裂缝,如图 3-3

所示。

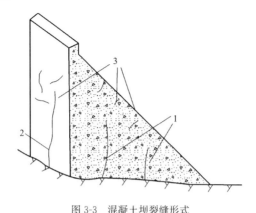

图 3-3　混凝土坝裂缝形式

1—贯穿裂缝;2—深层裂缝;3—表面裂缝

1. 表面裂缝

大体积混凝土结构块体各部分由于散热条件不同,温度也不同,块体内部散热条件差,温度较高,持续时间也较长;而块体外表由于和大气接触,散热方便,冷却迅速。当表面混凝土冷却收缩时,就会受到内部尚未收缩的混凝土的约束产生表面温度拉应力,当它超过混凝土的抗拉极限强度时,就会产生裂缝。

一般表面裂缝方向不规则,数量较多,但短而浅,深度小于 1m,缝宽小于 0.5mm。有的后来还会随着坝体内部温度降低而自行闭合。因而对一般结构威胁较小。但在混凝土坝体上游面或其他有防渗要求的部位,表面裂缝形成了渗透途径,在渗水压力作用下,裂缝易于发展;在基础部位,表面裂缝还可能与其他裂缝相连,发展成为贯穿裂缝。这些对建筑物的安全都是不利的,因此必须采取一些措施,防止表面裂缝的产生和发展。

防止表面裂缝的产生,最根本的是把内外温差控制在一定范围内。防止表面裂缝还应注意防止混凝土表面温度骤降(冷击)。冷击主要是冷风寒潮袭击和低温下拆模引起的,这时会形成较大的内外温差，最容易发生表面裂缝。因此在冬季不要急于拆模，对新浇混凝土的表面，当温度骤降前应进行表面保护。表面保护措施可采用保温模板、挂保温泡沫板、喷水泥珍珠岩、挂双层草垫等。

2. 深层裂缝和贯穿裂缝

混凝土凝结硬化初期，水化热使混凝土温度升高，体积膨胀，基础部位混凝土由于受基岩的约束，不能自由变形而产生压应力，但此时混凝土塑性较大，所以压应力很低。随着混凝土温度的逐渐下降，体积也随之收缩，这时混凝土已硬化，并与基础岩石黏结牢固，受基础岩石的约束不能自由收缩，而使混凝土内部除抵消了原有的压应力外，还产生了拉应力，当拉应力超过混凝土的抗拉极限强度时，就产生裂缝。裂缝方向大致垂直于岩面，自下而上开展，缝宽较大（可达 1~3mm），延伸长，切割深（缝深可达 3~5m），称之为深层裂缝。当平行坝轴线出现时，常常贯穿整个坝段，则称为贯穿裂缝。

基础贯穿裂缝对建筑物安全运行是很危险的，因为这种裂缝发生后，就会把建筑物分割成独立的块体，使建筑物的整体性遭到破坏，坝内应力发生不利变化，特别对于大坝上游坝踵处将出现较大的拉应力，甚至危及大坝安全。

防止产生基础贯穿裂缝，关键是控制混凝土的温差，通常基础容许温差的控制范围见表 3-1。

表 3-1   **基础容许温差 ΔT**   （单位：℃）

浇筑块边长 L/m	离基础面高度 h/m	
	0~0.2L	0.2~0.4L
<16	26~25	28~27
17~20	24~22	26~25
21~30	22~19	25~22
31~40	19~16	22~19
通仓长块	16~14	19~17

混凝土浇筑块经过长期停歇后,在长龄期旧混凝土上浇筑新混凝土时,旧混凝土也会对新混凝土起约束作用,产生温度应力,可能导致新混凝土产生裂缝,所以新旧混凝土间的内部温差(即上下层温差)也必须进行控制,一般允许温差为 15～20℃。

三、大体积混凝土温度控制的措施

1. 减少混凝土发热量

(1)采用水化热低的水泥。采用水化热较低的中热硅酸盐水泥、低热硅酸盐水泥、矿渣硅酸盐水泥及低热微膨胀水泥等。

(2)降低水泥用量。

1)掺掺和料;

2)调整骨料级配,增大骨料粒径;

3)采用低流态混凝土或无坍落度干硬性贫混凝土;

4)掺外加剂(减水剂、加气剂);

5)其他措施:如采用埋石混凝土;坝体分区使用不同强度等级的混凝土;利用混凝土的后期强度。

2. 降低混凝土的入仓温度

(1)料场措施。

1)加大骨料堆积高度;

2)地弄取料;

3)搭盖凉棚;

4)喷水雾降温(石子)。

(2)冷水或加冰拌和。

(3)预冷骨料。

1)水冷。如喷水冷却、浸水冷却;

2)气冷。在供料廊道中通冷气。

3. 加速混凝土散热

(1)表面自然散热。采用薄层浇筑,浇筑层厚度采用 3～5m,在基础地面或旧混凝土面上可以浇 1～2m 的薄层,上、下层间歇时间宜为 5～10d。浇筑块的浇筑顺序应间隔进行,尽量延长两相邻块的间隔时间,以利侧面散热。

（2）人工强迫散热——埋冷却水管。利用预埋的冷却水管通低温水以散热降温。冷却水管的作用有：

1）一期冷却混凝土浇后立即通水，以降低混凝土的最高温升。

2）二期冷却在接缝灌浆时将坝体温度降至灌浆温度，扩张缝隙以利灌浆。

第二节　混凝土坝施工

1. 混凝土坝的分缝与分块

（1）分缝分块原则。

1）根据结构特点、形状及应力情况进行分层分块，避免在应力集中、结构薄弱部位分缝；

2）采用错缝分块时，必须采取措施防止竖直施工缝张开后向上向下继续延伸；

3）分层厚度应根据结构特点和温度控制要求确定。基础约束区一般为 1～2m，约束区以上可适当加厚；墩墙侧面可散热，分层也可厚些；

4）应根据混凝土的浇筑能力和温度控制要求确定分块面积的大小。块体的长宽比不宜过大，一般以小于 2.5：1 为宜；

5）分层分块均应考虑施工方便。

（2）混凝土坝的分缝分块。混凝土坝的浇筑块是用垂直于坝轴线的横缝和平行于坝轴线的纵缝以及水平缝划分而成的。分缝方式有垂直纵缝法、错缝法、斜缝法、通仓浇筑法等，如图 3-4、图 3-5 所示。

1）纵缝法。用垂直纵缝把坝段分成独立的柱状体，因此又叫柱状分块。它的优点是温度控制容易，混凝土浇筑工艺较简单，各柱状块可分别上升，彼此干扰小，施工安排灵活，但为保证坝体的整体性，必须进行接缝灌浆；模板工作量大，施工复杂。纵缝间距一般为 20～40m，以便降温后接缝有一定的张开度，便于接缝灌浆。

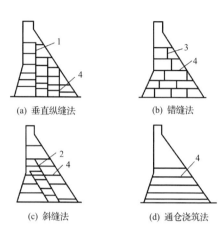

(a) 垂直纵缝法   (b) 错缝法

(c) 斜缝法   (d) 通仓浇筑法

图 3-4   混凝土坝的分缝分块

1—纵缝；2—斜缝；3—错缝；4—水平缝

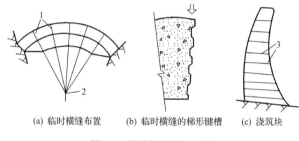

(a) 临时横缝布置   (b) 临时横缝的梯形键槽   (c) 浇筑块

图 3-5   拱坝浇筑的分缝分块

1—临时横缝；2—拱心；3—水平缝

为了传递剪应力的需要，在纵缝面上设置键槽，并需要在坝体达到稳定温度后进行接缝灌浆，以增加其传递剪应力的能力，提高坝体的整体性和刚度。

2) 斜缝法。一般只在中低坝采用，斜缝一般沿平行于坝体第二主应力方向设置，缝面剪应力很小，只要设置缝面键槽不必进行接缝灌浆，斜缝法往往是为了便于坝内埋管的安装，或利用斜缝形成临时挡洪面采用的。但斜缝法施工干扰大，斜缝顶并缝处容易产生应力集中，斜缝前后浇筑块的高差和温差需严格控制,否则会产生很大的温度应力。

3)通缝法。通缝法即通仓浇筑法,它不设纵缝,混凝土浇筑按整个坝段分层进行;一般不需埋设冷却水管。同时由于浇筑仓面大,便于大规模机械化施工,简化了施工程序,特别是大量减少模板作业工作量,施工速度快,但因其浇筑块长度大,容易产生温度裂缝,所以温度控制要求比较严格。

(3)混凝土仓面浇筑工艺设计。

1)确保在混凝土浇筑前能及时将水引排,排水人员应根据混凝土浇筑顺序及时处理下料点可能存在的渗水和积水,并特别防止高坝段和高处外来水流入仓面。

2)仓面保湿、保温:混凝土初凝后人工洒水养护;仓面冲毛完成后定期洒水养护保证仓面湿度;横缝面采用花管养护,局部部位采用人工洒水养护,保持横缝面的湿润,注意仓面浇筑完毕后横缝面采用保温被保温,浇筑间隔期超过 14d 的,仓面需覆盖保温被。

3)止水止浆片、钢筋网内、坝体排水管、横缝面等边角部位附近大骨料均须人工分拣,人工捣密实。

4)混凝土施工时注意保护钢筋、止水、冷却水管、拔管、监测仪器等预埋件。预埋件附近均采用人工铺料和人工振捣方式进行浇筑,并派专人进行看护,出现问题及时解决。在混凝土备仓前对灌浆管通水检查,确保缝面灌浆管通畅。

5)进入施工场地注意遵守各项安全规章制度;大风大雨天气注意下游坡面危石。

6)上下仓面走专用通道,严禁在横缝上攀爬,收仓后禁止留下脚印。

7)岸坡坝段,特别注意雨天浇筑排水问题,必须提前做好充分准备。预备下雨时的排水人员要配置足够,工具也要配置足够。

如某工程仓面施工要求如下:

①本仓采用 2 台缆机进行浇筑,采用平仓机摊铺,振捣车振捣,铺料接头处 5m 错缝搭接铺料;灌浆引管密集部位及其他边角部位人工手持 $\phi70$ 和 $\phi100$ 型振捣棒振捣。

②注意仓面内温度计等精密监测仪器的埋设,开仓前及时通知进行施工。

③分别采用"截、堵、导、引、排"等不同的方法措施将仓面以及其周边环境的积水及时排放至坝基下游施工期集水井内。

④协调拌和楼、侧卸车(自卸车)、缆机等混凝土生产、运输工具之间的配合,避免中途因为相关环节不协调,导致浇筑停顿、中断。

⑤仓面浇筑人员必须熟知仓面工艺设计,对各分区级配、范围做好明显标识。

⑥大坝上下游面所有坏层均进行复振,复振采用 φ70 软轴振捣棒,间隔时间为 40min,复振时间为 40s,复振范围为上下游模板附近 1m。故在上下游面各准备一根 φ70 软轴振捣棒。

混凝土仓面浇筑工艺设计见表 3-2。

2. 混凝土施工

(1) 混凝土的拌和。由于混凝土方量较大,混凝土坝施工一般采用混凝土拌和楼生产混凝土。

(2) 混凝土的运输。由于混凝土运输方量和运输强度非常大,需采用大型运输设备。

混凝土运输浇筑方案的选择通常应考虑:运输效率高,成本低,转运次数少,不易分离,质量容易保证;起重设备能够控制整个建筑物的浇筑部位;主要设备型号单一,性能良好,配套设备能使主要设备的生产能力充分发挥;在保证工程质量的前提下能满足高峰浇筑强度的要求;除满足混凝土浇筑要求外,同时能最大限度地承担模板、钢筋、金属结构及仓面小型机具的吊运工作;在工作范围内能连续工作,设备利用率高,不压浇筑块,或不因压块而延误浇筑工期。

1) 水平运输。

① 轨道式料罐车。有轨料罐车均为侧卸式,大多采用传统的柴油机车牵引。图 3-6 为 GHC6 型有轨牵引侧卸式混凝土运输车。

表 3-2

混凝土仓面浇筑工艺表

制表日期：××××年××月××日

合同编号	TGP/CIV-4-2A	施工部位	左厂 9 坝段	仓号名称	9-1 甲	单元编号	1650
仓号高程	EL133.0~135.0	浇筑面积/m²	833	浇筑层厚/m	2	浇筑方量/m²	

混凝土特性	分区	混凝土强度	级配	数量/m³
	1	C₉₀ 300F250W10	Ⅲ富浆 4~6	183
	2		Ⅱ 5~7,7~9	150
	3	C₉₀ 150F100W8	Ⅲ 3~5.5~7	30
	4		Ⅳ 3~5	1117

拌和楼：2# 拌和楼

预计收仓时间	年 月 日	预计浇筑历时	21h	入仓强度/（m³/h）	75
预计开仓时间	年 月 日				

入仓机械	缆（门）机	塔带机	铺料机	φ130	6 台	自卸车
				φ100	2 台	
				φ80	2 台	

仓面设备及设施	平仓	人工平仓	振捣	铁锹	4 把	保温被	300m²	其他
				小水桶	6 只	防雨布	300m²	
				振捣臂	1 台	其他	2 台软轴样	

C₉₀ 300F250W10
C₉₀ 150F100W8
48446.7
48468.7
流向

20000.0
20005.4
20013.4
20035.0

合同编号	TGP/CIV-4-2A	施工部位		左厂9坝段	9-1甲	单元编号	1650
仓号高程	EL133.0~135.0	浇筑面积/m²	833	仓号名称	2	浇筑方量/m²	
仓面人员	混凝土工 12人	钢筋工 1人	木板工 2人	温控人员 1人	预埋工 1人	其他 1人	浇筑层厚/m

特殊部位混凝土浇筑负责人

浇筑方法	平铺法	台阶法			立面图:(注明高程、台阶浇筑顺序、台阶长度、主要钢筋部位)
	厚度 —	台阶宽度/m	层厚/cm	层次	

立面图:（详见立面图及料流程表）

▽135.0　　▽133.0

```
流向 →
8  12  16  20  24      27
4   7  11  15  19  23  26
3   6  10  14  18  22  25
1   2   5   9  13  17  21
50
50
50
50
20000.0      200013.4      200035.0
```

注:
1. 本图尺寸层高以厘米计,其余尺寸以米计;
2. 图中虚线代表标号分区线;
3. 钢筋主要集中在上游面门槽部位;
4. 高强度混凝土Ⅱ级配用9℃,Ⅲ级配用7℃;
5. 浇筑温度用14~16℃。

出机口温度设计值/℃	≤14.(10:00~22:00≤10.顶机)		浇筑温度/℃	16~18	终检	复检	初级质检员

浇筑注意事项:
1. 钢筋部位加强振捣;
2. 压面板、刮浆板各2个;
3. 铜止水、止浆带等特殊部位加强振捣;
4. 如果下雨,增加排水工具和人员

施工单位			监理单位		签证

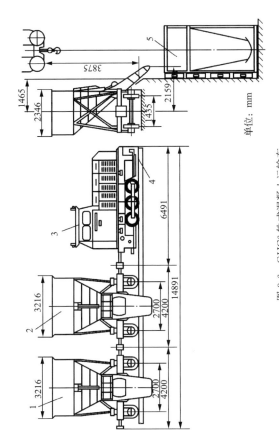

图 3-6 GHC6 轨式混凝土运输车

1—Ⅰ号混凝土运输车;2—Ⅱ号混凝土运输车;3—JM150 内燃机车;4—钢轨;5—缆机吊罐

单位: mm

② 无轨的轮胎自行式侧向卸料料罐车。

无轨的轮胎自行式料罐车如图 3-7、图 3-8 所示。

瓢车。美国迈克松(Maxon)公司发展了一种新型的混凝土运输车,其料罐的形状像瓢形,俗称瓢车,容量有 $4.6m^3$、$6m^3$、$6.9m^3$、$7.7m^3$、$9.2m^3$、$11.5m^3$ 等规格,最大的料罐容积达 $23m^3$。适于远距离运输大骨料混凝土。该车混凝土可以快速装入,快速卸出,最快卸料时间为 20s;卸料高度高,可直接向立式混凝土吊罐卸料;料罐重心低,运输行车稳定性好;为防止高流态混凝土在运输途中发生离析现象,罐体中心装有强制搅动叶片;结构简单,造价低,维修容易。图 3-9 为 BD-20 型 $12m^3$ "大狗车"。

③ 自卸汽车运输。

自卸汽车—栈桥—溜筒。如图 3-10 所示,用组合钢筋柱或预制混凝土柱作立柱,用钢轨梁和面板作桥面构成栈桥,下挂溜筒,自卸汽车通过溜筒入仓。它要求坝体能比较均匀地上升,浇筑块之间高差不大。这种方式可从拌和楼一直运至栈桥卸料,生产率高。

自卸汽车—履带式起重机。自卸汽车自拌和楼受料后运至基坑后转至混凝土卧罐,再用履带式起重机吊运入仓。履带式起重机可利用土石方机械改装。

自卸汽车—溜槽(溜筒)。自卸汽车转溜槽(溜筒)入仓适用于狭窄、深塘混凝土回填。斜溜槽的坡度一般在 1∶1 左右,混凝土的坍落度一般为 6cm 左右。每道溜槽控制的浇筑宽度 5~6m,如图 3-11 所示。

自卸汽车直接入仓。

(a) 端进法。端进法是在刚捣实的混凝土面上铺厚 6~8mm 的钢垫板,自卸汽车在其上驶入仓内卸料浇筑,如图 3-12 所示。浇筑层厚度不超过 1.5m。端进法要求混凝土坍落度小于 3~4cm,最好是干硬性混凝土。

(b) 端退法。自卸汽车在仓内已有一定强度的旧混凝土面上行驶。汽车铺料与平仓振捣互不干扰,且因汽车卸料

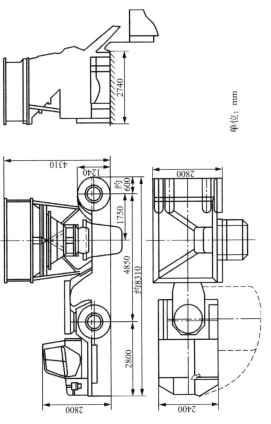

单位: mm

图 3-7 PWH 6m³ 轮式侧卸式混凝土运输车

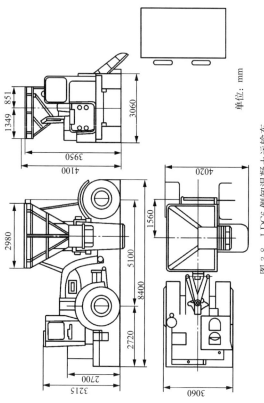

图 3-8 LDC6 侧卸混凝土运输车

单位：mm

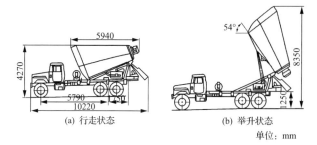

(a) 行走状态

(b) 举升状态

单位：mm

图 3-9　BD-20 型"大狗车"

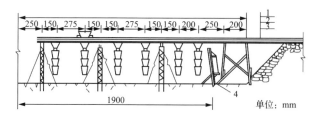

单位：mm

图 3-10　自卸汽车—栈桥入仓

1—护轮木；2—木板；3—钢轨；4—模板

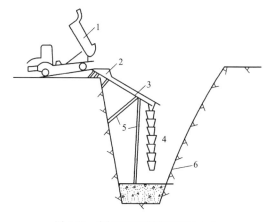

图 3-11　自卸汽车转溜槽（溜筒）入仓

1—自卸汽车；2—贮料斗；3—斜溜槽；4—溜筒；5—支撑；6—基岩面

定点准确,平仓工作量也较小,如图 3-13 所示。旧混凝土的龄期应据施工条件通过试验确定。

用汽车运输混凝土时,应遵守下列技术规定:装载混凝土的厚度不应小于 40cm,车厢应严密平滑,砂浆损失应控制在 1%以内;每次卸料,应将所载混凝土卸净,并应及时清洗车厢,以免混凝土黏附;以汽车运输混凝土直接入仓时,应有确保混凝土质量的措施。

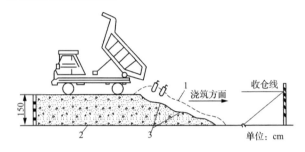

图 3-12 自卸汽车端进法

1—新入仓混凝土;2—旧混凝土面;3—振捣后的台阶

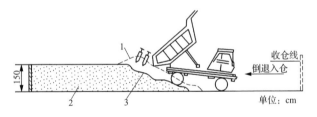

图 3-13 自卸汽车端退法

1—新入仓混凝土;2—旧混凝土面;3—振捣后的台阶

④ 铁路运输。大型工程多采用铁路平台列车运输混凝土,以保证相当大的运输强度。

铁路运输常用机车拖挂数节平台列车,上放混凝土立式吊罐 2~4 个,直接到拌和楼装料。列车上预留 1 个罐的空位,以备转运时放置起重机吊回的空罐。这种运输方法,有利于提高机车和起重机的效率,缩短混凝土运输时间,如

图 3-14 所示。

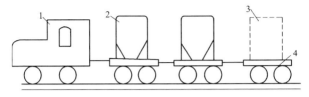

图 3-14　机车拖运混凝土立罐
1—机车；2—混凝土罐；3—放回空罐位置；4—平台车

2）垂直运输。

① 履带式起重机。履带式起重机多由开挖石方的挖掘机改装而成，直接在地面上开行，无须轨道。它的提升高度不大，控制范围比门机小。但起重量大、转移灵活、适应工地狭窄的地形，在开工初期能及早投入使用，生产率高。该机适用于浇筑高程较低的部位。

② 门式起重机。门式起重机（门机）是一种大型移动式起重设备。它的下部为一钢结构门架，门架底部装有车轮，可沿轨道移动。门架下有足够的净空，能并列通行 2 列运输混凝土的平台列车。门架上面的机身包括起重臂、回转工作台、滑轮组（或臂架连杆）、支架及平衡重等。整个机身可通过转盘的齿轮作用，水平回转 360°。该机运行灵活、移动方便，起重臂能在负荷下水平转动，但不能在负荷下变幅。变幅是在非工作时，利用钢索滑轮组使起重臂改变倾角来完成。图 3-15 为常用的 10t 门机，图 3-16 为高架门机，起重高度可达 60～70m。

③ 塔式起重机。塔式起重机（简称塔机）是在门架上装置高达数十米的钢架塔身，用以增加起吊高度。其起重臂多是水平的，起重小车钩可沿起重臂水平移动，用以改变起重幅度，如图 3-17 所示。

为增加门机、塔机的控制范围和增大浇筑高度，为起重凝土运输提供开行线路，使之与浇筑工作面分开，常需布置栈桥。大坝施工栈桥的布置方式如图 3-18 所示。

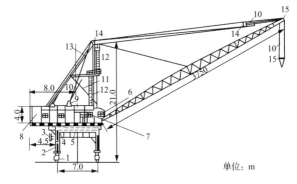

图 3-15 门机

1—车轮;2—门架;3—电缆卷筒;4—回转机构;5—转盘;6—操纵室;7—机器间;
8—平衡重;9、14、15—滑轮;10—起重索;11—支架;12—梯子;13—臂架升降索

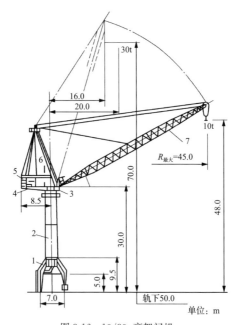

图 3-16 10/30t 高架门机

1—门架;2—圆筒形高架塔身;3—回转盘;4—机房;5—平衡重;
6—操纵台;7—起重臂

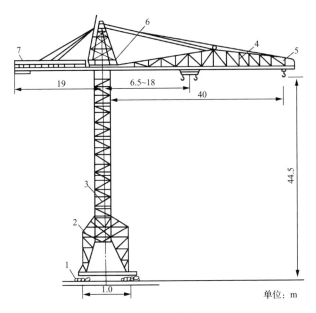

图 3-17　10/25t 塔式起重机

1—车轮；2—门架；3—塔身；4—伸臂；5—起重小车；

6—回转塔架；7—平衡重

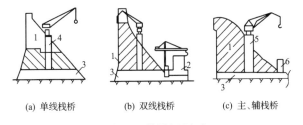

(a) 单线栈桥　　　(b) 双线栈桥　　　(c) 主、辅栈桥

图 3-18　栈桥布置方式

1—坝体；2—厂房；3—由辅助浇筑方案完成的部位；4—分两次升高的栈桥；

5—主栈桥；6—辅助栈桥

栈桥桥墩结构有混凝土墩、钢结构墩、预制混凝土墩块（用后拆除）等，如图 3-19 所示。

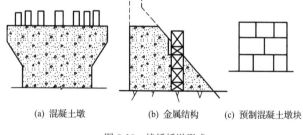

(a) 混凝土墩   (b) 金属结构   (c) 预制混凝土墩块

图 3-19　栈桥桥墩形式

为节约材料,常把起重机安放在已浇筑的坝身混凝土上,即所谓"墩块"来代替栈桥。随着坝体上升,分次倒换位置或预先浇好混凝土墩作为栈桥墩。

④ 缆式起重机。缆式起重机(简称缆机)由一套凌空架设的缆索系统、起重小车、主塔架、副塔架等组成,如图 3-20 所示。主塔内设有机房和操纵室,并用对讲机和工业电视与现场联系,以保证缆机的运行。

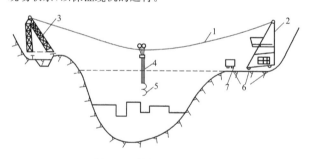

图 3-20　缆式起重机布置图

1—承重索;2—首塔;3—尾塔;4—起重索;5—吊钩;6—起重机轨道;
7—混凝土运输车辆

索系统为缆机的主要组成部分,它包括承重索、起重索、牵引索和各种辅助索。承重索两端系在主塔和副塔的顶部,承受很大的拉力,通常用高强钢丝束制成,是缆索系统中的主起重索,垂直方向设置升降起重钩,牵引起重小车沿承重索移动。塔架为三角形空间结构,分别布置在两岸缆机平台上。

缆机的类型,一般按主、副塔的移动情况划分,有固定式、平移式和辐射式三种。

缆机适用于狭窄河床的混凝土坝浇筑,如图 3-21 所示。它不仅具有控制范围大、起重量大、生产率高的特点,而且能提前安装和使用,使用期长,不受河流水文条件和坝体升高的影响,对加快主体工程施工具有明显的作用。

缆机构造如图 3-22 所示。

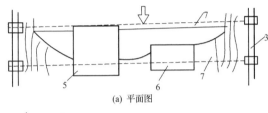

(a) 平面图

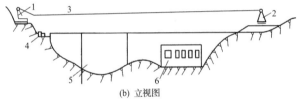

(b) 立视图

图 3-21　平行式缆机浇筑重力坝

1—首塔索;2—尾塔;3—轨道;4—混凝土运输车辆;5—溢流坝;
6—厂房;7—控制范围

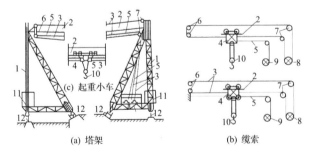

(a) 塔架　　　(c) 起重小车　　　(b) 缆索

图 3-22　缆机构造

1—塔架;2—承重索;3—牵引索;4—起重小车;5—起重索;6、7—导向滑轮;
8—牵引绞车;9—起重卷扬机;10—吊钩;11—压重;12—轨道

⑤ 长臂反铲。应用长臂反铲作为混凝土浇筑入仓的手段是一种顺应市场经济要求而开发出的一种新的混凝土施工工艺。

在长臂反铲进行混凝土浇筑时，与其配套作业的机具除运输车辆外，还有专门为其制作的集料斗及设置的马道运输车辆通过特制的马道或临时铺筑的道路，将混凝土卸入安装好的、特制的集料斗中，反铲在料斗中将混凝土挖运入仓，完成整个作业过程。

在应用长臂反铲进行混凝土浇筑中可根据不同的原则进行以下几种作业操作分类：

按混凝土作业中反铲与集料斗的相对位置分：①反铲与料斗同在一水平面上，这种形式作业时一般作业面较为开阔，反铲与料斗的摆放十分灵活。在浇好的混凝土面上进行作业时应注意不要将仓面污染，尽可能使用马道配合，料斗放置考虑反铲作业的便利情况，一般不要放得太远或太近。②反铲在下、料斗在上，此种布置方式一般出现在下挖深度不是很大的结构物边角或是狭窄结构物的基础仓位上，此种布置方式适应于两个基础面高差在反铲最大卸料范围内。在砂卵石地基上应用时还应考虑足够的水平安全距离（一般在 1.0m 以上），作业时应设专人在料斗旁指挥反铲司机进行挖料作业，以防安全事故的发生。③反铲在上、料斗在下，这种操作方式一般出现在仓位低于开挖陡坎或分层分块浇筑时对较高层仓位浇筑中。要求陡坎或混凝土层面的高差在反铲最大挖掘深度范围内，否则需要适当填筑以满足此要求，当高差过大时不宜采用反铲浇筑形式布置时，料斗在可能的情况下应尽量靠近陡坎或混凝土竖向分缝线。

按反铲在仓位混凝土浇筑中的角色分：

仓单机操作：当仓位被一台反铲就能全部覆盖时采用此法。一仓单机操作因无其他机械设备相互干扰而在施工中十分安全，但需注意地形所带来的不安全因素。

仓多机操作：仓位面积大，必须用两台反铲联合作业才可将其完全覆盖时采用此法。这种操作方式应注意多机同时作业时避免机械设备相互碰撞的危险。

反铲配合传统机械设备浇筑混凝土:此种操作方式应用于仓位必须是由传统设备与反铲共同作业才能将仓面全部覆盖的浇筑中。操作中除防止机械在仓内相互碰撞,另外,由于传统机械设备在混凝土浇筑中常常控制大部分混凝土的入仓作业,所以要十分注意反铲在仓位浇筑中的参与时间,保证反铲与传统设备在仓面收仓时尽可能地一致,以免造成混凝土冷缝的出现。

反铲位置与仓面的关系:

反铲在仓外进行混凝土浇筑:这是反铲进行混凝土浇筑最常用的一种方式,此种方式是在混凝土浇筑中可以在仓面进行准备的情况下,使混凝土作业无间歇地进行,有利于保证混凝土的浇筑质量。

反铲入仓内进行混凝土浇筑:此种方式在仓位大机械少时采用,可大大提高反铲对仓位的覆盖能力。该方式是先将反铲开进仓位内进行浇筑,最后再开出来浇筑剩余的混凝上。采用此种方式应注意几个问题:一是反铲进仓前必须冲洗干净或采取有效措施对其行走路线进行保护,避免仓面二次污染;二是铺料在反铲出仓前需均匀合理,保证混凝土铺料面有足够的和易性;三是在反铲退出后进行仓位预留缺口的封堵工作要快,反铲出仓后的收仓工作要慢而均匀,防止冷仓、跑模等现象出现。

3)连续运输。带式输送机由于其作业连续,输送能力大,设备轻,可以整层均匀布料,具有很高的性价比,对加快大坝混凝土施工,降低工程造价具有很大的意义。

① 小型串联接力输送机系列。由多台串联的运输机组成,接力输送,一般采用铝合金机架,环形带,如图 3-23 为总体布置图。这种机型结构较简单,重量轻,可以用人工移位,适用于浇筑一般面积较小的混凝土结构物。

② 回转式仓面布料浇筑机组。用于仓面浇筑的回转带式布料机,具有伸缩、俯仰功能。一般采用环形带和铝合金机架,和供料带机组成一个系统。向上输送的最大倾角可达25°,向下输送倾角可达−10°,带宽有 457mm、610mm 两种,

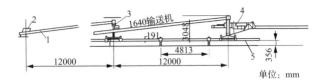

单位：mm

图 3-23　串联接力输送机系列安装图

1—皮带输送机；2—受料斗；3—全回转移位支架；4—浇筑布料机；5—导轨

有立柱安装、支架安装及导轨安装 3 种方式。导轨安装时能沿导轨进行移位。立柱式可绕仓面立柱回转。65m×24m 型布料机可浇筑 40m×40m 的仓面。当需浇筑更长的坝块时，可用两台或多台布料机接力。立柱通常插在下层已浇混凝土的预留孔内，在待浇层的立柱外面用对开的预制混凝土管保护。新浇的混凝土块就以混凝土管为内模在仓内留下一个孔洞，作为上一个浇筑块的预留插孔。布料机的自重只有2.73t 和 4.73t，可以利用起重机将仓面布料机，从一个浇筑块转移另一浇筑块。仓面布料机的最大输送能力可达 276～420m³/h，一般输送最大粒径达 80mm 的混凝土。仓面布料机的外形如图 3-24 所示。

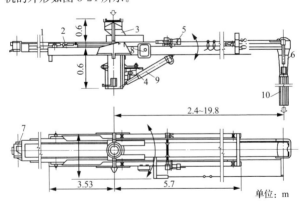

单位：m

图 3-24　回转式仓面布料机

1—伸缩皮带输送机；2—机架；3—进料斗；4—回转机构；5—伸缩机构；
6—出料斗；7—驱动电动机；8—电气控制箱；9—故障机构；10—出料橡胶管

③ 自行式布料机。自行式带浇筑机有安装在汽车、轮胎或履带起重机底盘上三种机型。

胎带机。如图 3-25 所示，CC200-24 胎带机是安装在轮胎起重机底盘上的回转布料机，共有 3 节带机，可在臂架里伸缩，带有进料斗。该胎带机的带宽 610mm，全伸展时浇筑半径在水平时为 61m；最大倾角：上仰 30°，下俯 15°；最大高度 33.5m。布料回转角度 360°。转移方便，适合于浇筑中、小和零星混凝土工程。

履带自行式布料机。履带式布料机是安装于履带式起重机底盘上的自行回转布料机，除底盘为履带外，其余结构和规格参数与胎带机相同。由于其对地压力小，特别适合于直接在辗压混凝土表面边行走边布料，随坝面升高而升高，不像塔带机那样需要大量的基础工程和准备工作，其布料范围大，而且价格低廉，极大地简化了碾压混凝土施工。

桥式布料机。桥式布料机用于道路施工中浇筑路面混凝土。有简单的铺料机，也有带全套刮平、振捣及辗实装置的"桥梁霸王机"。用钢轮在常规轨道上行走(水口的布料机是包胶轮和尼龙滑块移动)，带有侧面卸料器、弹性悬挂的插入式振捣器、螺旋式整平器、平板振捣器及滚子压实器等部件，以保证浇筑的桥面和路面的混凝土质量，其最大路面浇筑宽度可达到 46m。

面板和斜坡布料机。布料机呈斜面布置，坡顶及坡脚各安装一根行走轨道，按斜面结构要求，设置一桁架梁来支承斜向输送机及振捣、整平装置，在导轨上移动，以保证面板混凝土质量和外部体形尺寸。这种布料机最大斜面长度可达 46m，最大坡角 30°，混凝土布料能力 230m³/h。

塔带式布料机。塔带机是专用于大型工程常态混凝土施工的主要设备。其基本型式是一台固定的水平臂塔机和两台悬吊在塔机臂架上的内外布料机组成的大型机械手，既有塔机的功能，又可借小车水平移动，吊钩的升降，使臂架和内外布料机绕各自的关节旋转，由于布料机的俯仰，可在很大

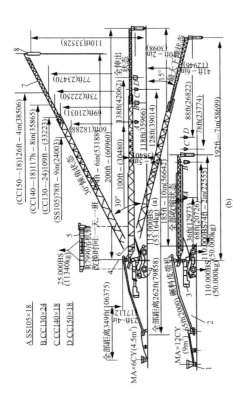

图 3-25　CC200-24 胎带料机外形尺寸图

(a) 工作状态 (全伸出,最大仰角及最大下倾工况); (b) 全收缩状态

1—喂料设备-MAX 螺旋推送斗;2—喂料皮带机;3—伸缩式配重;4—回转中心;5—拆下的起重机吊臂;
6—俯仰油缸;7—伸缩皮带机;8—溜斗及溜管;9—溜斗液压千斤顶;

注:ft 为英尺,1ft=0.3048m;in 为英寸,1in=2.54cm。

覆盖范围内实现水平和垂直输送混凝土,进行均匀成层布料。塔柱还可随坝面或附壁支点的升高而接高,因此也适于高坝施工。浇筑能力不受高程和水平距离的影响,始终保持高强度,这是传统的缆机和门塔机做不到的,如图 3-26、图 3-27 所示。

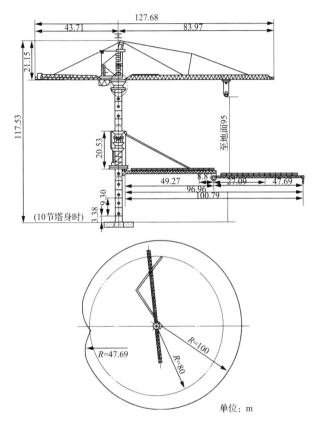

单位: m

图 3-26　TC-2400 塔带机外形图

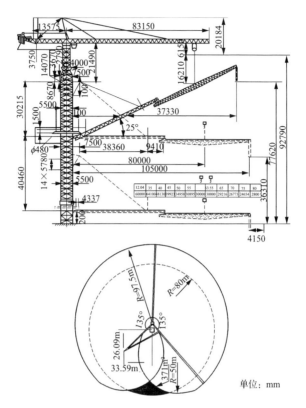

图 3-27　MD-2200 塔带机外形图

　　塔带机的操作室均装备有现代化的电气控制和无线电遥控设备及电话等通信工具,同时有模拟和数字指示卸料内外布料机的倾角、回转角度、侧向重力矩与带速以及具有自动停机的功能。这些设备为塔带机的运行提供了安全、可靠和良好的运行保证。

　　混凝土坝施工中混凝土的平仓振捣除采用常规的施工方法外,一些大型工程在无筋混凝土仓面常采用平仓振捣机作业,采用类似于推土机的装置进行平仓,采用成组的硬轴振捣器进行振捣,用以提高作业效率,如图 3-28 所示。

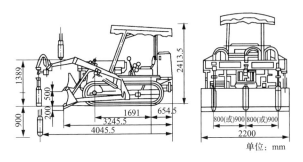

图 3-28　PCY-50 型平仓振捣机

第三节　厂房下部结构混凝土施工

水电站厂房通常以发电机层为界,分为下部结构和上部结构。下部结构一般为大体积混凝土,包括尾水管、锥管、蜗壳等大的孔洞结构;上部结构一般为钢筋混凝土柱、梁、板等结构组成,如图 3-29 所示。

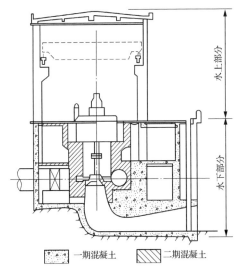

一期混凝土　　二期混凝土

图 3-29　厂房混凝土

1. 水电站厂房下部结构的分缝分块

水电站厂房下部结构尺寸大、孔洞多,受力复杂,必须分层分块进行浇筑,如图 3-30 所示。合理的分层分块是削减温度应力、防止或减少混凝土裂缝、保证混凝土施工质量和结构的整体性的重要措施。

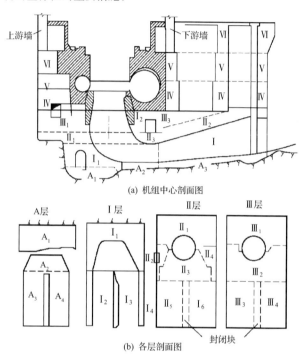

(a) 机组中心剖面图

(b) 各层剖面图

图 3-30　厂房下部结构分层分块图

厂房下部结构分层分块可采用通仓、错缝、预留宽槽、封闭块和灌浆缝等形式。

(1) 通仓浇筑法。通仓浇筑法施工可加快进度,有利于结构的整体性。当厂房尺寸小,又可安排在低温季节浇筑时,采用分层通仓浇筑最为有利。对于中型厂房,其顺水流方向的尺寸在 25m 以下,低温季节虽不能浇筑完毕,但有一定的温控手段时,也可采用这种形式。

（2）错缝浇筑法。大型水电站厂房下部结构尺寸较大，多采用错缝浇筑法。错缝搭接范围内的水平施工缝允许有一定的变形，以解除或减少两端的约束而减少块体的温度应力，如图 3-31 所示。在温度和收缩应力作用下，竖直施工缝往往脱开。错缝分块的施工程序对进度有一定影响。

采用错缝分块时，相邻块要均匀上升，以免要垂直收缩的不均匀在搭接处引起竖向裂缝。当采用台阶缝施工时，相邻块高差（各台阶总高度）一般不超过 4～5m。

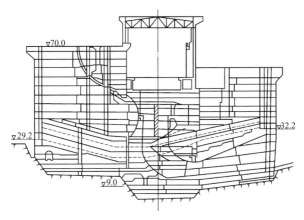

图 3-31　某水电站厂房混凝土分层、错缝示意图

（3）预留宽槽浇筑法。对大型厂房，为加快施工进度，减少施工干扰，可在某些部位设置宽槽。槽的宽度一般为 1m 左右。由于设置宽槽，可减少约束区高度，同时增加散热面，从而减少温度应力。

对预留宽槽，回填应在低温季节施工，届时其周边旧混凝土要求冷却到设计要求温度。回填混凝土应选用收缩性较小的材料。

（4）设置封闭块。水电站大型厂房中的框架结构由于顶板跨度大或墩体刚度大，施工期出现显著温度变化时对结构产生较大的温度应力。当采用一般大体积混凝土温度控制措施仍然不能妥善解决时，还需增加"封闭块"的措施，即在框架顶板上预留"封闭块"。

（5）设置灌浆缝。对厂房的个别部位设置灌浆缝。某电站厂房为了降低进口段与主机段之间的宽槽深度,在排沙孔底板以下设置灌浆,灌浆缝以上设置宽槽。

2. 水电站厂房下部结构的施工

（1）满堂脚手架方案。满堂脚手架是在基坑中满布脚手架,用自卸汽车(机动翻斗车、斗车)和溜筒、溜槽入仓。

（2）活动桥方案。当厂房宽度较小、机组较多时,可采用图 3-32 所示的活动桥浇筑混凝土。

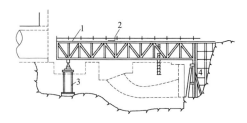

图 3-32　用活动桥浇筑厂房混凝土

1—活动桥；2—运送混凝土小车；3—上游排架；4—下游排架

（3）门塔机方案。大型厂房一般采用门塔机浇筑混凝土,如图 3-33 所示。

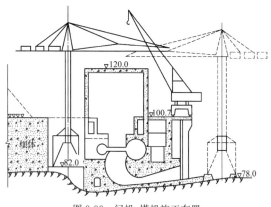

图 3-33　门机、塔机施工布置

第四章

碾压混凝土施工

碾压混凝土是指将干硬性的混凝土拌和料分薄层摊铺并经振动碾压密实的混凝土。碾压混凝土坝施工工艺程序简单,水泥和模板用量少,薄层大仓面浇筑碾压,减少分缝分块,便于连续施工,简化温控措施,因而施工速度快,工期短,工程费用低。

第一节　碾压混凝土材料

碾压混凝土所用的水泥、骨料、活性掺和料、外加剂和拌和用水应符合国家现行有关标准的规定。碾压混凝土的配合比应由试验确定,碾压混凝土的总胶凝材料用量不宜低于130kg/m³;水泥用量应根据大坝级别、坝高并通过试验研究确定;水胶比应根据设计提出的混凝土强度、抗渗性、抗冻性、拉伸变形等要求确定,其值不大于 0.65;砂率应通过试验选取最佳砂率值;单位用水量,可根据碾压混凝土 VC 值、骨料种类、最大粒径、砂率、石粉含量、掺和料和外加剂等选定;掺和料种类、掺量应通过试验确定,掺量超过 65% 时,应做专门的试验论证;外加剂品种和掺量应通过试验确定。

碾压混凝土拌和物 VC 值现场宜选用 2~12s,机口 VC 值应根据现场的气候条件变化,动态选用和控制,宜选用2~8s。

碾压混凝土坝基础垫层在河床部位宜采用常态混凝土,在岸坡部位宜采用变态混凝土,其厚度不宜大于 1m。坝体难以碾压的部位,可采用变态混凝土。变态混凝土的强度、抗渗、抗冻、抗裂及热学等性能应分别满足相应部位要求,高坝的变态混凝土配合比或加浆量宜通过试验研究确定。

第二节 碾压混凝土施工

一、铺筑前的准备工作

（1）应对砂石料生产及贮存系统，原材料供应，混凝土制备、运输、铺筑、碾压和检测等设备的能力、工况以及施工措施等，结合现场碾压试验进行检查，符合有关文件要求后，方能开始施工。

（2）基础块铺筑前，应在基岩上先铺砂浆，再浇筑垫层混凝土或变态混凝土，除有专门要求外，其厚度以找平后便于碾压作业为原则。

（3）模板、止水、钢筋、埋件、孔洞、进出仓口等准备工作，应满足快速和连续铺筑施工要求。

二、拌和

拌制碾压混凝土宜选用强制式搅拌设备，拌和时间较普通混凝土要延长。

搅拌设备的称量系统应灵敏、精确、可靠，并应定期检定，保证在混凝土生产过程中满足称量精度的要求。搅拌设备宜配备细骨料的含水量快速测定装置，并应具有相应的拌和水量自动调整功能。碾压混凝土的搅拌时间、投料顺序、拌和量，都应通过现场混凝土拌和均匀性检验确定。

在浇筑混凝土前拌和系统操作人员与试验室人员对拌和设备的配料称量系统进行全面校核检查，达到规定要求后，方可开机。

新开仓的混凝土浇筑，试验室在接到开仓合格证后，由拌和人员根据试验室签发的配料单定秤，经试验室质控人员校核无误后方可开机。

每班开机前（包括更换混凝土配料单）拌和人员应按试验室的配料单定秤，经试验室质控人员校核无误后，方可开机。用水量调整权属试验室质控人员，未经当班质控员同意，任何人不得擅自改变用水量。

配料称量误差应控制在规范范围内,当称量误差偶然超过变动范围时,配料操作应采用手动添加或扣称办法处理。当频繁发生较大范围误差波动,质量无法保证时,操作人员应及时查找原因,立即修复,排除故障。

投料顺序、拌和量、拌和时间根据工艺试验确定,试验室负责抽查。

对开始拌和出机的碾压混凝土应加强监控,应尽量连续作业,以保证其碾压混凝土拌和物的质量。

在混凝土拌和过程中,拌和楼值班人员对出机混凝土质量情况加强巡视、检查,发现异常情况时应会同试验室人员查找原因,及时处理。

在混凝土拌和过程中,拌和楼值班人员应注意拌和楼内黏结情况,当黏结严重影响混凝土拌和物均匀性时,应及时清除拌和机内的黏结物,各班交接班之前,必须将拌和机内的黏结物清除干净。

放料值班人员应观察卸入汽车的混凝土质量情况,当发现异常时,应向试验室值班人员反应,及时采取处理措施,严禁不合格混凝土入仓。

卸料斗的出料口与运输工具之间的落差不宜大于1.5m。

配料、拌和过程中出现漏水、漏液和电子秤漂移时,应及时检修,严重影响混凝土质量时应临时停机修理。

三、运输

运输碾压混凝土宜采用自卸汽车、皮带输送机、负压溜槽(管)、专用垂直溜管、满管溜槽(管),也可采用缆机、门机、塔机等设备。

1. 自卸汽车运输

(1) 汽车直接入仓时必须保持路面平整,及时清除路面各种障碍物,保持有效路面宽度;冲洗轮胎后的脱水路段,必须保持平整和清洁。

(2) 对运送混凝土的汽车应加强保养维修,保证其运输的可靠性及车况的良好,无漏油现象。汽车司机在上岗时应把车辆内外、底部、叶子板及车架的泥污冲洗干净,司机上岗后必须服从拌和总值班施工员调度和仓面施工总负责的指挥。

(3)汽车装混凝土时,司机应服从放料人员的指挥。在向汽车放料时,必须坚持多点下料,料装满后,驾驶室应挂牌,标明所装混凝土的种类、级配方可驶离拌和楼。

(4)运输混凝土的汽车进仓之前,必须冲洗轮胎和汽车底部粘着的泥土、污物,冲洗时汽车需走动 1~2 次,车胎未冲洗干净,司机不得强行进仓,质检部门、试验室负责监督。

(5)严禁将冲洗轮胎的水喷到车厢内的混凝土上,如有发生必须立即报告,现场试验质检人员决定其处理措施。

2. 皮带机运输

采用皮带机运输时,应将所有皮带空转 2~3min,将皮带上所有水及杂物排尽。向皮带机放料时应适量、均匀,并通知仓面施工人员皮带机运送的品种、级配及标号。

3. 垂直运输

(1)混凝土垂直运输的设备及支撑结构,受料斗必须牢固可靠,真空溜槽的固定应达到设计要求,在投入使用前,由机电负责人和技术部对其结构进行检查验收。

(2)在真空溜管、缆机使用过程中,应定期对其系统进行检查,真空溜管下部接近仓面一节应设缓冲措施,以减少对其接料车厢的冲击和骨料的分离。

(3)随着坝体碾压混凝土升层的逐渐升高,真空溜槽应不断地向上拆卸,拆卸时应尽量快捷,并将支撑架一同撤除,岩坡残渣清理干净,达到碾压混凝土上升浇筑条件。

四、仓面作业

仓面上施工的所有设备,应放在暂不施工且不影响施工或现场指挥员指定的位置上,进入仓面的其他人员,行走路线或停留位置不得影响正常施工。

仓面施工的整个过程均应保持仓面的干净、无杂物、无油污。凡进入碾压混凝土施工仓面的人员都必须将鞋子粘着的泥土、油污清除,禁止向仓面抛任何杂物。仓面在碾压混凝土不断上升过程中的模板施工中,立模人员必须把木屑、马丁或钉子及时清除仓外,以免影响混凝土质量和损坏入仓汽车的轮胎。

1. 浇筑面处理

碾压混凝土的浇筑面要除去表面浮皮、浮石和清除其他杂物,用高压水冲洗干净。在准备好的浇筑面上铺上砂浆或小石混凝土,然后摊铺混凝土。砂浆或小石混凝土的摊铺范围以 1~2h 内能浇筑完混凝土的区域为准。在迎水面各碾压混凝土层间铺设宽 3~7m(按设计要求),厚 3~5mm 的水泥浆体,水泥灰浆按试验室签发的配料单配制,要求配料计量准确,搅拌均匀,试验室并对配制浆液的质量进行检查。

洒铺水泥浆时,应做到洒铺区内干净,无积水。洒铺的水泥浆体不宜过早,应在该条带卸料之前分段进行,不允许洒铺水泥浆后,长时间未覆盖混凝土。水泥浆铺设应均匀,不漏铺,沿上游模板一线应适当的铺厚一些,以增强层间结合的效果。

2. 卸料与平仓

卸料平仓方向与坝轴线平行。

平仓厚度由碾压混凝土的浇筑仓面大小及碾压厚度决定。铺料厚度控制在允许偏差范围内,一般控制在±3cm 以内;即每层摊铺厚度为 35±3cm,压实厚度为 30cm 左右。开仓前,将各层铺料层高控制线(高度 35cm)用红油漆标在先浇混凝土面、左侧岸坡坡面及模板(模板安装校正完成后,涂刷脱模剂之前)上,每 5m 距离标出一排摊铺厚度控制线,以便控制铺料厚度。摊铺线标识比要求摊铺厚度线高出 2cm,实际施工则要求露出摊铺标识线 1~2cm。

严格控制摊铺面积,保证下层混凝土在允许层间间隔时间内摊铺覆盖,并根据周边平仓线进行拉线检查,如有超出规定值的部位必须重新平仓,局部不平的采用人工辅助铺平。

预埋件如止水片(带)、观测仪器、模板、集水井等周边采用人工铺料,以免使预埋件损坏或移位。

自卸汽车在碾压混凝土仓面行驶时,应平稳慢行,避免在仓内急刹车、急转弯等有损已施工混凝土质量的操作。自卸汽车入仓卸料时采用退铺法依次卸料。自卸汽车入仓前洗车,洗车处距仓面保持一定距离(20~30m),洗车处至仓面铺筑碎石路面。汽车在拌和楼接料时分两点或三点接料。卸料时分多点卸料,以减少料堆高度,减轻骨料分离,并将碾压混凝土卸到已经平仓而未碾压的层面上,以便平仓机平仓时能扰动料堆底部,使料堆底部骨料集中现象得以改善。卸料时自由落下高差不能大于1.5m,不能将混凝土卸在靠近仓面边缘1.2m范围之内。与模板接触部位必要时铺以人工铺料。

必须严格控制靠模板条带的卸料与平仓。卸料堆边缘与模板距离不应小于1.0m。与模板接触带采用人工铺料,反弹后集中的骨料必须分散开。

卸料平仓时应严格控制二级配混凝土和三级配混凝土的分界线,其误差不得超过1m。

为减少骨料的分离,卸料平仓必须做到:

(1)汽车卸料后,卸料周边集中的大骨料由人工分散到料堆上,不允许继续在未处理的料堆附近卸料。

(2)平仓机平仓时,出现在两侧集中的骨料,由人工分散于条带上。

(3)每层起始条带,第一汽车的卸料位置,应距模板边1.5m,距边坡基岩6m,卸2~3车料后,平仓机将混凝土拌和物推至距边坡基岩1.5m(有常态混凝土部位),或摊铺建基面(变态混凝土)达到平仓厚度。

(4)平仓机驶上新摊铺的混凝土面层,调头并退到后部。

(5)汽车每次驶上混凝土坡面卸料。

(6)汽车卸料后,平仓机随即开始按平仓厚度平仓推进混凝土,前部略低。

平仓机两侧加挡板,以减少粗骨料向两侧分散,对粗骨料集中部位采用人工处理;先两侧后中间。推料时从料堆底部插刀,将料堆全部推移,即移位平仓,不允许从料堆半腰插刀。平仓过程中两侧出现的骨料集中,应由人工将其均匀地摊铺到未碾压的混凝土面上;模板周边、止水附近等部位不得出现骨料集中,以免产生渗水通道。平仓机平仓后,要求做到平整均匀,没有显著凹凸起伏,不允许有较大高差悬殊。不允许有向下游倾斜和左右倾斜的坡度。

3. 混凝土振动碾压

混凝土的碾压采用振动碾,碾压厚度和碾压遍数综合考虑配合比、硬化速度、压实程度、作业能力、温度控制等,通过试验确定。

大面积碾压采用大型振动碾,靠近模板边角位置则用手扶式振动碾碾压。碾压作业采用条带搭接法,碾压条带间的搭接宽度为 10～20cm,端头部位的搭接宽度应不小于100cm。碾压机具碾压不到的死角,以及有预埋件的部位,浇筑变态混凝土。

碾压方式采用平碾法。平层碾压时,施工缝面砂浆分段摊铺,然后摊铺碾压混凝土,层层往上碾压施工。砂浆采用摊铺机铺设,上层未碾压的前缘需辅以人工铺砂浆。新铺设的砂浆要求在 0.5h 内覆盖。

碾压施工技术要点:

(1) 碾压速度:一般控制在 1.0～1.5km/h 范围内。

(2) 碾压遍数:为防止振动碾在碾压时陷入混凝土内,对刚铺平的碾压混凝土先无振碾压 2 遍使其初步平整,然后有振碾压 6～8 遍,直至碾压混凝土表面泛浆后再视情况无振碾压 1～2 遍。具体碾压遍数由现场碾压试验确定。

(3) 压实度检测:碾压达到规定的碾压遍数后,及时用核子密度仪对压实后的混凝土进行容重测定,对未达到规定容重指标的进行补振碾压,确保相对压实度达到 98.5% 以上。当混凝土过早出现不规则、不均匀回弹现象时,及时检查混凝土拌和物的分离和泌水情况,并及时采取措施予以调整,必要时将该部位碾压混凝土予以挖除,另外补填碾压混凝土拌和物,再补碾密实。

(4) 碾压要求:碾压作业条带清楚,走向偏差控制在

20cm 范围内,条带间重叠 10~20cm。同一碾压层两条碾压带之间因碾压作业形成的凸出带,采用无振慢速碾压 1~2 遍收平;收仓面的两条碾压带之间的凸出带,采用无振慢速碾压收平。

(5) 覆盖时间控制:碾压混凝土拌和物从拌和到碾压完毕的时间最多不得超过 2h。

4. 变态混凝土施工

(1) 铺料:采用平仓机(推土机)辅以人工分两次摊铺平整,顶面低于碾压混凝面 3~5cm;变态混凝土应随着碾压混凝土浇筑逐层施工,层厚与碾压混凝土相同。相邻部位碾压混凝土与变态混凝土施工顺序为先施工碾压混凝土、后施工变态混凝土。

(2) 加浆:变态混凝土加浆是一道极其关键的施工工艺,直接关系到变态混凝土质量。主要控制以下两个环节:①加浆方式:主要采用"挖槽"顶部加浆法施工,以达到加浆的均匀性。②定量加浆:目前主要采用"容器法"人工定量加浆,存在人为影响因素和难以有效控制的缺点,应加强控制。

(3) 加浆量标准:加浆量按混凝土体积的 6.0% 控制,变态混凝土坍落度控制在 3cm 以内。某工程混凝土配合比:二级配碾压混凝土净浆配比 $W/(C+F)=0.46$,$W=570\mathrm{kg/m^3}$,$C=620\mathrm{kg/m^3}$,$F=620\mathrm{kg/m^3}$,UNF-1 0.67%;三级配碾压混凝土净浆配比 $W/(C+F)=0.51$,$W=542\mathrm{kg/m^3}$,$C=531\mathrm{kg/m^3}$,$F=531\mathrm{kg/m^3}$,UNF-1 0.67%。

灰浆洒铺应均匀、不漏铺,洒铺时不得向模板直接洒铺,溅到模板上的灰浆应立即处理干净。

(4) 振捣:采用 $\phi100\mathrm{mm}$ 高频振捣器按梅花型线路有序振捣;止水片、埋件、仪器周边采用 $\phi50\mathrm{mm}$ 软轴式振捣器振捣密实。灰浆掺入混凝土内 10~15min 后开始振捣,加浆到振捣完毕控制在 40min 内,振捣器应插入下层混凝土 5~10cm。止水部位仔细振捣,以免产生渗水通道,同时注意避免止水变位。

(5) 为保证碾压混凝土与变态混凝土区域的良好结合,

在变态混凝土振捣完成后，与碾压混凝土结合部位搭接20cm(搭接宽度应大于20cm)，再用手扶式振动碾进行骑缝碾压平整(无振碾1~2遍)。

(6)输送灰浆时应与变态混凝土施工速度相适应，防止浆液沉淀和泌水。

5. 异种混凝土施工

异种混凝土结合，即不同类别的两种混凝土相结合，如碾压混凝土与常态混凝土的结合、变态混凝土与常态混凝土的结合等。

(1)纵向碾压混凝土与基础面垫层常态混凝土。大坝河床部位基础面先浇筑常态混凝土垫层。先对垫层常态混凝土表面采用高压水或风砂枪冲毛处理，清除混凝土表面的浮浆及松动骨料，处理合格后，均匀摊铺1.5~2cm砂浆，其强度比碾压混凝土等级高一级，然后在其上摊铺碾压混凝土并浇筑上升。

(2)碾压混凝土与廊道、门库周边常态混凝土。碾压混凝土与廊道、门库周边常态混凝土同时浇筑，先行碾压混凝土作业，后浇筑常态混凝土，且常态混凝土略低于碾压混凝土。同时在浇筑常态混凝土前，碾压混凝土端部坡角若有松散、已失水干白的拌和物和分离的大骨料应予挖除。在两种混凝土结合处振捣器应插入到碾压混凝土中，并用中型振动碾对结合处补充碾压，使常态混凝土与碾压混凝土结合良好。

6. 结构缝成缝

结构缝采用人工切缝，采用先碾后切方式。碾压试验切缝采用电动式切缝机进行切缝，双层彩条布隔缝，具体工艺要求如下：

(1)设计横缝处：每个碾压层均须切缝一次。

(2)切缝前，先测量定位、拉线，沿定位线切缝，以利混凝土成缝整齐。

(3)切缝时段：每一碾压层碾压完毕、经检测合格后，采用切缝机按照要求的缝面线进行切缝，宜在混凝土初凝前完成。

（4）切缝深度：切缝深度控制在 25cm 左右（压实厚度为30cm），不允许将碾压层切透。

（5）施工程序：切缝施工按照"先碾压，再切缝，然后填缝"的程序施工，即采用"先碾后切"的施工方法。

（6）填缝：成缝后，缝内人工填塞干砂，并用钢钎（钢棒）分层捣实，填充物距压实面 1～2cm；填砂过程中，不得污染仓面。

7. 施工层、缝面处理

碾压混凝土施工存在许多碾压层面和水平施工缝面，而整个碾压混凝土块体必须浇筑得充分连续一致，使之成为一个整体，不出现层间薄弱面和渗水通道。为此碾压混凝土层面、缝面必须进行必要的处理，以提高碾压混凝土层缝面结合质量。

（1）碾压混凝土层面处理。碾压混凝土层面处理是解决层间结合强度和层面抗渗问题的关键，层面处理的主要衡量标准（尺度）是层面抗剪强度和抗渗指标。不同的层面状况、不同的层间间隔时间及质量要求采用不同的层面处理方式。

正常层面处理（即上层碾压混凝土在允许层间间隔时间之内浇筑上层碾压混凝土的层面）：

1）避免层面碾压混凝土骨料分离状况，不让大骨料集中在层面上，以免被压碎后形成层间薄弱面和渗漏通道。

2）层面产生泌水现象时，应立即用桶、瓢等工具将水排出，并控制 VC 值。

3）如出现表面失水现象，应采用仓面喷雾或振动碾轮洒水湿润。

4）如碾压完毕的层面被仓面施工机械扰动破坏，立即整平处理并补碾密实。

5）对于上游防渗区域的碾压混凝土层面在铺筑上层碾压混凝土前铺一层水泥净浆。

6）碾压混凝土层面保持清洁，如被机械油污染，应挖除被污染的碾压混凝土，重新铺筑碾压密实。

7）防止外来水流入层面，并做好防雨工作。

超过初凝时间的，但未终凝的层面状况按正常层面状况处理：铺设 5～15mm 厚的水泥砂浆垫层。

超过终凝时间的层面：超过终凝时间的碾压混凝土层面称为冷缝，间隔时间在 24h 以内，仍以铺砂浆垫层的方式处理；间隔时间超过 24h，视同冷缝按施工缝处理。

为改善层面结合状况，采用如下措施：

1）在铺筑面积一定的情况下，提高碾压混凝土的铺筑强度。

2）采用高效缓凝减水剂延长初凝时间。

3）缩短碾压混凝土的层间间隔时间，使上一层碾压混凝土骨料能够压入下一层，形成较强的结合面。

4）提高碾压混凝土拌和料的抗分离性，防止骨料分离及混入软弱颗粒。

检验碾压混凝土层面质量的简易方法为钻孔取芯样，对芯样获得率、层面折断率、密度、外观等质量进行评定。通过芯样试件的抗剪试验得到抗剪强度和标号，通过孔内分段压水试验检验层、缝面的透水率。芯样直径一般为 150mm。

（2）碾压混凝土缝面处理。碾压混凝土缝面处理是指其水平施工缝和施工过程中出现的冷缝面的处理。碾压混凝土水平施工缝是指施工完成一个碾压混凝土升程后再做一定间歇产生的碾压混凝土缝面。碾压混凝土缝面是坝体的薄弱面，容易成为渗水通道，必须严格处理，以确保缝面结合强度和提高抗渗能力。

碾压混凝土缝面处理方法与常态混凝土相同，采用如下方法：

1）用高压水冲毛机清除碾压混凝土表面乳皮，使之成为毛面（以清除表面浮浆及松动骨料为准）。

2）清扫缝面并冲洗干净，在新碾压混凝土浇筑覆盖之前应保持洁净，并使之处于湿润状态。

3）在已处理好的施工缝面上按照条带均匀摊铺一层1.5～2.0cm 厚水泥砂浆垫层，砂浆应均匀覆盖整个层面，且砂浆铺洒宽度与碾压混凝土覆盖宽度相同,逐条带铺摊,铺浆后应立即覆盖碾压混凝土。砂浆强度等级比同部位混凝土强度等级高一个强度等级。

知识链接

★施工缝及冷缝必须进行层面处理,处理合格后方能继续施工。

——《水利工程建设标准强制性条文》
(2016年版)

8.表面养护及保护工艺

(1)水平施工间歇面或冷缝面养护至下一层混凝土开始浇筑,侧面永久暴露面养护时间不低于28d,棱角部位必须加强养护。

碾压混凝土因为存在二次水化反应,养护时间比普通混凝土更长,养护时间应符合设计或规范规定的时间。混凝土停止浇筑后,采用全仓面旋转式喷雾降温,坝面均采用喷淋养生,当仓内温度低于15℃时喷雾停止。另外,对喷雾头要采取措施防止形成水滴淌在混凝土面上,确保雾状。

(2)连续铺筑施工的层面不进行湿养护,如果表层干燥,可用喷雾机或冲毛机适当喷雾,以改善小环境的气候。

(3)低温季节进行碾压混凝土施工时,每层碾压完成应及时铺盖保温材料(2~3cm厚)进行防护。

(4)碾压混凝土施工过程中应做好防风、雨、雪措施。

(5)道路入仓口位置的填筑碎石顶面再用铺垫钢板等措施进行防护,以减少运输设备对边角部位混凝土的频繁扰动。

(6)混凝土强度未达到4.5MPa前运输设备不得碾压混凝土表面,如果必须碾压,必须铺垫钢板或垫石渣进行防护。

9.雨季施工工艺

降雨会使混凝土的含水量加大,在混凝土表面形成径流,造成层面灰浆、砂浆的流失,加剧混凝土的不均匀性,易形成薄弱夹层,影响混凝土的质量。根据雨天降雨量的大小、降雨的不均匀性和突发性的暴雨等不同情况采取不同的措施。

(1) 及时了解雨情和气温变化情况。

(2) 施工现场备足防雨材料。

(3) 组建雨季施工覆盖、排水专业队伍。

(4) 加大碾压混凝土的 VC 值。

(5) 浇筑过程中遇到超过规定强度降雨量情况时,停止拌和,并尽快将已入仓的碾压混凝土摊铺碾压完毕。

(6) 用防雨材料遮盖新碾压混凝土面或未碾压的混凝土面,防止雨水进入混凝土内。

(7) 做好施工仓面的引排水工作。

五、碾压混凝土仓面设计

碾压混凝土每仓品种较多,施工工艺复杂,提前进行仓面设计是碾压混凝土施工质量控制的重要环节和保证措施,是单元工程指导施工的重要技术文件,要求混凝土开仓前承包商必须有监理批准的《混凝土仓面设计书》,否则不得签发开仓证。

1. 仓面设计的原则

(1) 仓面设计应尽可能采取图表格式,力求简洁明了、方便实用。

(2) 典型仓面要做成标准化设计。

(3) 仓面资源配置应合理化,充分发挥资源效率。

(4) 应按照高效准确的原则,简化铺料顺序,减少混凝土等级、级配的切换次数,缩短浇筑设备入仓运行路线。

(5) 应有必要的备用方案。

(6) 应尽量采用办公自动化系统。

2. 主要内容

仓面设计的主要内容应包括:仓面特性、明确质量技术要求、选择施工方法、进行合理的资源配置和制定质量、安全保证措施等。

（1）仓面特性。仓面特性是指浇筑部位的结构特征和浇筑特点。结构特征和浇筑特点包括：仓面高程、所属坝段、面积大小、预埋件及钢筋情况；混凝土强度等级级配分区、升层高度、混凝土浇筑方量、入仓强度和预计浇筑历时。

分析仓面特性，确定浇筑参数和进行资源配置，避免周边部位的施工干扰；有利于当外界条件发生变化时采用对应措施和备用方案。

（2）技术要求和浇筑方法。技术要求包括：①质量要求和施工技术要求，如温控要求、过流面质量标准、允许铺料和碾压及覆盖间隔时间等；②浇筑方法包括：铺料厚度、铺料方法、铺料顺序、平仓振捣方法、碾压遍数、压实度等；③温控要求应明确混凝土入仓温度、浇筑温度、通水温度及冷却时间等；④上述内容应根据设计图纸、文件和施工技术规范确定。

（3）资源配置。资源配置包括设备、材料和人员配置。

1）设备应包括：混凝土入仓、布料、平仓、振捣、碾压、喷雾、温控保温设备和仓面机具。

2）材料包括：防雨、保温及其他材料。

3）人员包括：仓面指挥、仓面操作人员，相关工种值班人员和质量、安全监控人员。

资源配置根据仓面特性、技术要求和周边条件进行配置。

（4）质量保证措施。仓面设计中，对混凝土温度控制、特殊部位均应提出必要的质量保证措施，如喷雾降温、仓面覆盖保温材料、一期冷却等温控措施；止水、止浆片周围，建筑物结构狭小部位，过流面等部位的混凝土浇筑方法。

一般仓位的质量保证措施，在仓面设计表格中填写，对于结构复杂、浇筑难度大及特别重要的部位，必须编制专门的质量保证措施作为仓面设计的补充，并在仓面设计中予以说明。

3. 设计步骤和设计要点

（1）仓面设计步骤。仓面设计要在认真分析仓面特性的基础上，结合现场施工条件，按照有关技术要求，综合资源配置,对混凝土浇筑过程详细规划。仓面设计编制步骤:分析仓面基本特征→明确技术要求→选择施工方法→进行资源配置→明确质量保证措施→编制仓面设计图表。

(2) 仓面设计要点。

1) 仓面分析。

① 结构特征。仓面结构复杂,空间狭小,仓位预埋件及配筋较多,仓面位于入仓手段的覆盖范围边缘和盲区,都会造成浇筑难度增加。

② 混凝土等级、级配。混凝土等级、级配过多,会造成混凝土铺料过程中,切换混凝土品种次数频繁,造成施工工序复杂,影响混凝土入仓、平仓、碾压速度和施工质量。

③ 混凝土入仓强度。碾压混凝土入仓强度决定了碾压混凝土浇筑强度,其入仓方式应首选汽车直接入仓;同时决定了仓面资源配置,混凝土入仓、平仓、碾压设备及人员配置。

④ 相关技术要求。仓面设计时,不同的施工部位、不同的浇筑时段,其施工技术要求会有所不同。如高温季节和混凝土约束区,温控要求较高等。仓面设计时,一定遵照合同及设计要求、国家有关规范及行业标准执行。

2) 施工方法选择。

① 入仓手段。优先采用自卸汽车直接入仓,以加大混凝土浇筑强度,缩短混凝土覆盖时间;其次采用负压溜槽或满溜管—汽车转运入仓;仓面很小的仓号(如廊道上游等),可采用皮带机+汽车转运入仓、布料机入仓、缆机直接入仓等入仓手段。原则是应满足混凝土覆盖时间和温控要求。

② 碾压方式。碾压方式分平层碾压和斜层碾压两种,应优先采用平层碾压,当仓号较大,不能满足混凝土覆盖时间和温控要求时,应采用斜层碾压。

③ 铺料厚度及碾压层厚。铺料厚度为 33~35cm;碾压层厚为 30cm。

④ 碾压方向及碾压遍数。二级配防渗混凝土必须按垂直于水流方向碾压;使用斜层碾压工艺时,碾压方向应为斜

坡方向;其他部位以施工方便为原则。碾压遍数 6~8 遍(有振),若达不到压实度要求,进行复碾,直至合格。

⑤ 碾压工艺。采用(a)无振碾压 2 遍,进行封仓,防止 VC 值及温度损失;(b)有振碾压 8 遍,达到混凝土压实度 98.5% 以上;(c)无振碾压 2 遍收仓,保证仓面平整、无压痕。

⑥ 变态混凝土施工方法。当变态混凝土平面尺寸狭窄时,采用现场拌制素浆,计量加浆;当变态混凝土平面尺寸、混凝土量较大时,可以采用机拌变态混凝土,机械入仓、振捣。变态混凝土加浆方法,可采用楼槽法或插孔法;加浆量 6%,振捣后,和碾压混凝土结合部位,用振动碾碾压 4 遍。

⑦ 冷却水管埋设。水管埋设方向原则上垂直于水流;个别坝轴线方向较狭窄的部位,可采用顺水流方向。水管间距 1.5m×1.5m,可以在平仓后埋设,碾压时压入混凝土,防止其他设备将其破坏。

⑧ 特殊复杂部位应编制专门的设计。

3) 图表填写。仓面设计成果一般采用图表格式。根据施工时间,仓面设计的图表中,其技术要求应简单明了。在附图上应标明所有的设计内容。

仓面设计成果一般仓号将设计图、表集中在一张纸上(A3 或 A4);结构复杂的仓号,可另附图。常态混凝土浇筑仓号可参照编写。

4. 仓面设计工程实例

某工程 14♯~18♯坝段(EL1213.00~EL1218.50)仓面设计。

(1) 分析仓面特征。仓号高 5.5m,长 140m,宽 97m,面积达 10207m²,属大型碾压混凝土仓号。按设计要求有 RⅡ(C_{90}20W6F50 三级配)、RⅣ(C_{90}25 W10F100 二级配)、CbⅠ(C_{90}25 W10F100 二级配)、CbⅣ(C_{90}20 W6F50 三级配)、CbⅢ(C_{90}25 W8F100 三级配)、CⅣ(C_{90}25 W8F100 三级配)、CⅤ(C_{90}35 W8F100 三级配)、CⅢ(C_{90}50 W10F100 三级配)多种等级混凝土。仓内需要埋设 4 层 ϕ28mm 冷却水管,层距 1.5m。混凝土浇筑时间在高温季节,按温控要求必须采用预

冷混凝土,出机口温度不大于 12℃,混凝土浇筑温度不大于17℃,混凝土覆盖时间按 4h 控制。

(2)确定浇筑参数。

1)根据施工总体布置,该仓号使用右高线拌和楼拌制混凝土,自卸汽车自上游直接入仓铺料;变态混凝土由于部位狭窄,采用现场机械拌制,人工加浆振捣。

2)根据右高拌和楼拌制预冷混凝土的实际生产能力约370m³/h,不能满足 4h 覆盖的温控要求,确定采用斜层碾压施工工艺。

3)根据仓号平面体形,斜层碾压采用顺水流方向斜坡碾压,坡度采用 1:10,按 4h 覆盖,需要浇筑强度 300m³/h,拌和楼生产能力可以满足。自上游开仓,开仓段和收仓段均采用 8~10m 宽水平碾压段,碾压方向必须垂直于水流;其余施工工艺同平层碾压。斜层碾压达到浇筑高程的部位,应立即覆盖保温被;并按要求进行一期冷却。

4)浇筑时间计算,按拌和楼拌制预冷混凝土的实际生产能力约370m³/h 计,每天净拌和时间 20h,共需要190h。

(3)确定资源配置。

1)入仓设备及设施:20t 自卸汽车 35 台。

2)仓面设备及设施:平仓机 5 台,振动碾 6 台,喷雾机 6台 12 个喷雾头,ϕ100 振捣器 16 台;保温被 21000m²,防雨布8000m²,冷却水管 27400m,电阻温度计 34 支,仓内排水及保洁工具等。

3)人员配置:需配置 183 人。

混凝土仓面设计图表实例,见表 4-1。

仓面设计由施工单位编写,完成并经过监理批准后,分送给混凝土浇筑施工的相关部门,包括:拌和楼、试验室、混凝土入仓设备操作人员、平仓碾压设备操作人员、监理、仓面指挥及其他有关人员。该仓号浇筑完毕后,还应对仓面设计执行情况进行检查。

施工中,项目部按照仓面设计要求,将仓面设计中运输、卸料、摊铺、碾压、施工缝处理、养护和保护等分解为 14 道工

表 4-1

混凝土仓号浇筑施工工艺设计表

合同工程	××××	施工部位	××#~××#坝段	仓号名称	×××××	单元编号	×××××	浇筑量/m³	54685	编制	×××
仓号高程/m		施工面积/m²	10207.45　拌利楼　右高线为主左低线为辅	升层高度	5.5m					总工	×××

混凝土特性

名称	代号	等级	级配	工作度	数量/m³
碾压混凝土	RⅡ	C_{90}20W6F50	三	3~5s	44373
碾压混凝土	RⅣ	C_{90}25W10F100	三	3~5s	6037
变态混凝土	CbⅠ	C_{90}25W10F100	二	—	1412
变态混凝土	CbⅣ	C_{90}20W6F50	三	—	1207
变态混凝土	CbⅢ	C_{90}25W8F100	二	—	168
常态混凝土	CⅣ	C_{90}25W8F100	三	5~7cm	714
常态混凝土	CV	C_{90}35W8F100	三	5~7cm	371
抗磨混凝土	CⅢ	C_{90}50W10F100	二	5~7cm	403

预计开仓时间	××××.07.08	预计收仓时间	××××.07.15	预计浇筑历时	190h	混凝土浇筑强度	373m³/h

施工机械

缆机	1台	反铲	2台	平仓机	5台	振动碾	6台	自卸车	45辆
冲毛机	1台	加浆车	2辆	水桶	8个	小振动碾	6台		

仓面设备设施

100型振捣器	16台	切缝机	6台	保温被防雨布	8000m²
喷雾头	12个	电阻温度计	34支	冷却水管	27400m
铁锹、三角耙	15把	振捣车	1台		

仓面人员

管理员	6人	混凝土工	60人	普工	40人
技术员	6人	仓面指挥	2人	电工	4人	司机	57人
安全员	6人	质检员	2人		

浇筑方法

浇筑方法	斜层碾压，坡度1:10	压实度要求	≥98.5%
铺料厚度	30cm		
铺料厚度	32~34cm	压实厚度	30cm	压实遍数	2+8+2

14#~18#坝段EL1213.0~EL1218.5混凝土分区示意图

图中标注：0+131.00、0+277.00、0+299.00、0+303.00、0+321.00、0+341.00、0+361.00、0+374.00、0+160、0+091.50(原)、0+008.10(原)、0+001.25(原)

CⅢ、CV、CbⅠ、CbⅣ、RⅥ、RⅡ(C20W6F50)、碾压方向、灌浆廊道、基础廊道、电梯井、缆机、喷雾、基岩、水流、1:0.75、1:0.3、5.5m、⑭⑮⑯⑰

166　混凝土工程施工

浇筑注意事项	1. 开仓前必须对拌和料楼的检修,浇筑前检查各种资源到位情况,是否具备开盘条件。 2. 严格控制混凝土强度等级分区铺料,(坝)0+001.25上游采用防渗混凝土RⅠ;二级配;下游面100cm宽度等级分区铺料RⅣ;二级配;碾压混凝土区为三级配RⅡ;电梯及楼道井周边100cm厚变态混凝土(Cb_Ⅲ);14#坝段溢流面表层100cm厚.15#坝段中孔出口部位防渗混凝土(CⅣ);其内部300cm厚为常态混凝土(CⅤ)。 3. 本次浇筑混凝土采用汽车人仓方式为主,分两区进行施工。主要采用顺水流方向斜层碾压,斜层坡度1:10;上游二级配防渗区坡号(坝)0+083下游采用垂直流平层碾压。	4. 斜层碾压向上游,碾压完后将坡脚15cm切除,并清除至仓外。 5. 为保证上游二级配防渗区层间结合,每层铺料前均需铺一层净浆。 6. 本层浇筑冷却水管布置4层,布置位置见附图.支管采用HDPE塑料管,内径32mm,壁厚2mm;铺设时用钢筋卡固定在已碾压在的混凝土面上,铺设完后立即进行试通水.浇筑时注意保护。 7. 上游人仓道路距人仓口60m处设洗车槽,脱水槽,人仓路面20cm厚进行C20混凝土硬化,施工时经常冲洗,保持路面清洁。 8. 封仓使用满管溜槽。
施工单位	××××	质检员	××	仓面负责人	××	监理单位	××	监理批准人	××	驻站监理	××

序,每班由质检人员协同监理对每道工序进行评分,仓号结束后计算每道工序总分,对工序负责人进行物质奖励或处罚,收到良好的质量管理效果,增加了施工速度。

第五章

钢筋混凝土结构施工

第一节　现浇框架混凝土施工

一、混凝土柱施工

1. 混凝土的灌注

（1）混凝土柱灌注前，柱底基面应先铺 5～10cm 厚与混凝土内砂浆成分相同的水泥砂浆，后再分段分层灌注混凝土。

（2）凡截面在 40cm×40cm 以内或有交叉箍筋的混凝土柱，应在柱模侧面开口装上斜溜槽来灌注，每段高度不得大于 2m，如图 5-1 所示。如箍筋妨碍溜槽安装时，可将箍筋一端解开提起，待混凝土浇至窗口的下口时，卸掉斜溜槽，将箍

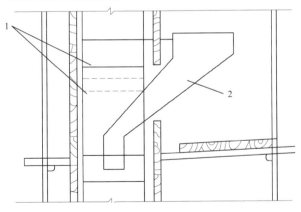

图 5-1　小截面柱侧开窗口浇筑

1—钢筋(虚线钢箍暂时向上移)；2—带垂直料筒的下料溜槽

筋重新绑扎好,用模板封口,柱箍箍紧,继续浇上段混凝土。采用斜溜槽下料时,可将其轻轻晃动,加快下料速度。采用溜筒下料时,柱混凝土的灌注高度可不受限制。

(3) 当柱高不超过 3.5m、截面大于 40cm×40cm 且无交叉钢筋时,混凝土可由柱模顶直接倒入。当柱高超过 3.5m 时,必须分段灌注混凝土,每段高度不得超过 3.5m。

2. 混凝土的振捣

(1) 混凝土的振捣一般需 3~4 人协同操作,其中 2 人负责下料,1 人负责振捣,另 1 人负责开关振捣器。

(2) 混凝土的振捣尽量使用插入式振捣器。当振捣器的软轴比柱长 0.5~1.0m 时,待下料至分层厚度后,将振捣器从柱顶伸入混凝土内进行振捣。当用振捣器振捣比较高的柱子时,则应从柱模侧预留的洞口插入,待振捣器找到振捣位置时,再合闸振捣,如图 5-2 所示。

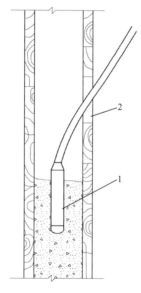

图 5-2 插入式振动器从浇灌洞口振捣
1—振捣棒;2—浇灌洞口

（3）振捣时以混凝土不再塌陷，混凝土表面泛浆，柱模外侧模板拼缝均匀微露砂浆为好。也可用木槌轻击柱侧模判定，如声音沉实，则表示混凝土已振实。

二、混凝土墙施工

1. 混凝土的灌注

（1）浇筑顺序应先边角后中部，先外墙后隔墙，以保证外部墙体的垂直度。

（2）高度在 3m 以内的外墙和隔墙，混凝土可以从墙顶向模板内卸料，卸料时须在墙顶安装料斗缓冲，以防混凝土发生离析。高度大于 3m 的任何截面墙体，均应每隔 2m 开洞口，装斜溜槽进料。

（3）墙体上有门窗洞口时，应从两侧同时对称进料，以防将门窗洞口模板挤偏。

（4）墙体混凝土浇筑前，应先铺 5～10cm 与混凝土内成分相同的水泥砂浆。

2. 混凝土的振捣

（1）对于截面尺寸较大的墙体，可用插入式振捣器振捣，其方法同柱的振捣。对较窄或钢筋密集的混凝土墙，宜采用在模板外侧悬挂附着式振捣器振捣，其振捣深度约为 25cm 。

（2）遇有门窗洞口时应在两边同时对称振捣，不得用振捣棒棒头敲击预留孔洞模板、预埋件等。

（3）当顶板与墙体整体现浇时，楼顶板端头部分的混凝土应单独浇筑，保证墙体的整体性。

三、混凝土梁、板施工

1. 混凝土的灌注

（1）肋形楼板混凝土的浇筑应顺次梁方向，主次梁同时浇筑。在保证主梁浇筑的前提下，将施工缝留在次梁跨中 1/3 的范围内。

（2）梁、板混凝土宜同时浇筑。当梁高大于 1m 时，可先浇筑主次梁，后浇筑板。其水平施工缝应布置在板底以下 2～3cm 处，如图 5-3（a）所示。凡截面高大于 0.4m、小于 1m

的梁,应先分层浇筑梁混凝土,待混凝土平楼板底面后,梁、板混凝土同时浇筑,如图 5-3(b)所示。操作时先将梁的混凝土分层浇筑成阶梯形,并向前赶。当起始点的混凝土到达板底位置时,与板的混凝土一起浇筑。随着阶梯的不断延长,板的浇筑也不断向前推移。

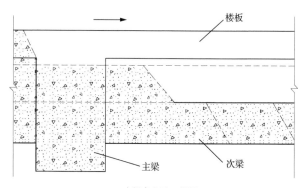

(a) 主梁高大于1m的梁

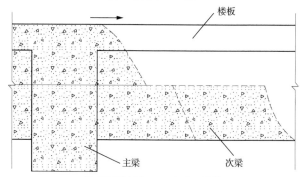

(b) 截面高大于0.4m、小于1m的梁

图 5-3　梁、板混凝土同时浇筑

（3）采用小车或料罐运料时,宜将混凝土料先卸在拌盘上,再用铁锹往梁里浇灌混凝土。在梁的同一位置上,模板两边下料应均衡。浇筑楼板时,可将混凝土料直接卸在楼板上,但应注意不可集中卸在楼板边角或上层钢筋处。楼板混

凝土的虚铺高度可高于楼板设计厚度的 2～3cm。楼板厚度的控制工具如图 5-4 所示。

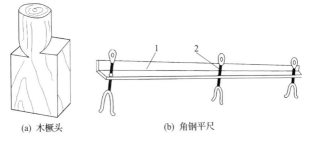

(a) 木橛头   (b) 角钢平尺

图 5-4　楼板厚度标志工具

1—角钢；2—可调螺栓脚架

2. 混凝土的振捣

（1）混凝土梁应采用插入式振捣器振捣，从梁的一端开始，先在起头的一小段内浇一层与混凝土成分相同的水泥砂浆，再分层浇筑混凝土。浇筑时两人配合，一人在前面用插入式振捣器振捣混凝土，使砂浆先流到前面和底部，让砂浆包裹石子，另一人在后面用捣钎靠着侧板及底部往回钩石子，以免石子阻碍砂浆往前流。待浇筑至一定距离后，再回头浇第二层，直至浇捣至梁的另一端。

（2）浇筑梁柱或主次梁结合部位时，由于梁上部的钢筋较密集，普通振捣器无法直接插振捣，此时可用振捣棒从钢筋空档插入振捣，或将振动棒从弯起钢筋斜段间隙中斜向插入振捣，如图 5-5 所示。

（3）楼板混凝土的捣固宜采用平板振捣器振捣。当混凝土虚铺一定的工作面后，用平板振捣器来振捣。振捣方向应与浇筑方向垂直。由于楼板的厚度一般在 10cm 以下，振捣一遍即可密实。但通常为使混凝土板面更平整，可将平板振捣器再快速拖拉一遍，拖拉方向与第一遍的振捣方向相垂直。

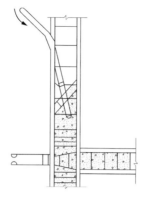

图 5-5　钢筋密集处的振捣

混凝土结构因尺寸较小,施工中应注意以下问题:

1) 振捣不实。

① 柱、墙底部未铺接缝砂浆,卸料时底部混凝土发生离析,石子集中于柱、墙底而无法振捣出浆来,造成底部"烂根";

② 混凝土灌注高度超过规定要求,易使混凝土发生离析,柱、墙底石子集中而缺少砂浆呈蜂窝状;

③ 振捣时间过长,使混凝土内石子下沉集中;

④ 分层浇筑时一次投料过多,振捣器不能伸入底部,造成漏振;

⑤ 楼地面不平整,柱墙模板安装时与楼地面裂隙过大,造成混凝土严重漏浆。

2) 柱边角严重蜂窝。

① 模板边角拼装缝隙过大,严重跑角造成边角蜂窝。因此,模板配制时,边角处宜采用阶梯缝搭缝。如果用直缝,模板缝隙应填塞;

② 局部漏浆造成边角处蜂窝。

3) 柱、墙、梁、板结合部梁底出现裂缝。混凝土柱浇筑完毕后未经沉实而继续浇筑混凝土梁,在柱、墙、梁、板结合部梁底易出现裂缝。一般浇筑与柱和墙连成整体的梁和板时,应在柱(墙)浇筑完毕后停歇 1～1.5h,使其获得初步沉实,再继续浇筑。

4) 拆模后,楼板底出现露筋。

① 保护层垫块位置或垫块铺垫间距过大,甚至漏垫,钢筋紧贴模板,造成露筋;

② 浇筑过程中,操作人员踩踏钢筋,使钢筋变形,拆模后出现露筋;

③ 模板缝隙过大、漏浆严重或下料时部分混凝土石多浆少造成露筋。因此下料时混凝土料应搭配均匀,避免局部石多浆少,模板的缝隙应填塞,防止漏浆。

第二节 隧洞混凝土衬砌施工

隧洞开挖后,为了使围岩不致因暴露时间太久而引起风化、松动或塌落,需尽快进行衬砌或支护。对于水工隧洞来说,衬砌还可以减小糙率,增大隧洞的输水能力。隧洞衬砌是一种永久性的支护,根据使用材料的不同可分为现浇混凝土或钢筋混凝土衬砌、混凝土预制块或块石衬砌等。这里仅介绍现浇钢筋混凝土衬砌。

一、隧洞混凝土衬砌分缝分块

由于隧洞一般较长,衬砌混凝土需要分段浇筑。当衬砌在结构上设有永久伸缩缝时,永久缝即可作为施工缝;当永久缝间距过大或无永久缝时,则应设施工缝分段浇筑,分段长度视断面大小和混凝土浇筑能力而定,一般可取 6～18m。为了提高衬砌的整体性,施工缝应进行处理。分段方式有以下两种:

1. 浇筑段之间设伸缩缝或施工缝

各衬砌段长度基本相同,如图 5-6 所示。可采用顺序浇筑法或跳仓浇筑法施工。顺序浇筑时,一段浇筑完成后,需等混凝土硬化再浇筑相邻一段,施工缓慢;而跳仓浇筑时,是先浇奇数号段,再浇偶数号段,施工组织灵活,进度快,但封拱次数多。

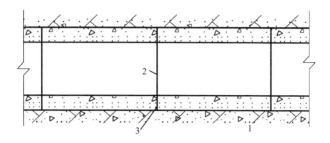

图 5-6　浇筑段之间设伸缩缝

1—浇筑段；2—缝；3—止水

2. 浇筑段之间设空档

如图 5-7 所示，空档长度 1m 左右，可使各段独立浇筑，大部分衬砌能尽快完成，但遗留空档的混凝土浇筑比较困难，封拱次数多。当地质条件不利、需尽快完成衬砌时才采用这种方式。

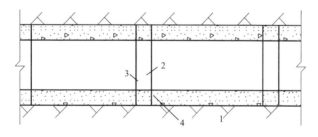

图 5-7　浇筑段之间设空档

1—浇筑段；2—空档；3—缝；4—止水

混凝土衬砌，除了在纵向分段外，在横向还应分块。一般分成顶拱、边墙（边拱）、底拱 3 块，图 5-8 为圆断面衬砌分块示意图。分块接缝位置应设在结构弯矩和剪力较小的部位，同时应考虑施工方便。分缝处应有受力钢筋通过，缝面也需进行凿毛处理，必要时还应设置键槽和插筋。

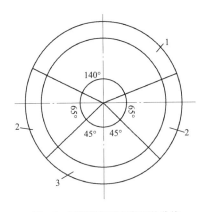

图 5-8　圆形隧洞衬砌断面的分块
1—顶拱；2—边墙；3—底拱

　　隧洞横断面上各块的浇筑顺序是：先浇筑底拱（底板），然后是边墙和顶拱。在地质条件较差时，也可以先浇筑顶拱，再浇筑边墙和底拱，此时由于顶拱混凝土下方无支托，应注意防止衬砌的位移和变形，并做好分块接头处的反缝的处理。反缝处理除按一般接缝处理外，还需进行接缝灌浆。

二、隧洞衬砌的模板

　　隧洞衬砌用的模板，随浇筑部位的不同，其构造和使用特点也不同。

　　1. 底拱模板

　　当底拱中心角较小时，可以不用表面模板，只安装浇筑段两端的端部模板。在混凝土浇筑后，用弧形样板将混凝土表面刮成弧形即可。当中心角较大时，一般采用悬吊式弧形模板，如图 5-9 所示。浇筑前先立好端部模板和弧形模板桁架，混凝土入仓后，自中间向两边安装表面模板。必须注意，混凝土运输系统的支撑不要与模板支撑连在一起，以防混凝土运输产生振动，引起模板位移。

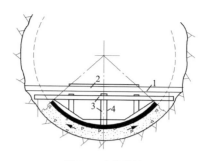

图 5-9　底拱模板

1—脚手架;2—路面板;3—模板桁架;4—桁架立柱

此外,当洞线较长时,常采用底拱拖模,如图 5-10 所示,它通过事先固定好的轨道用卷扬机索引拖动,边拖动边浇筑混凝土,浇筑的混凝土在模板的保护下成型好后(控制拖动速度)才脱模。

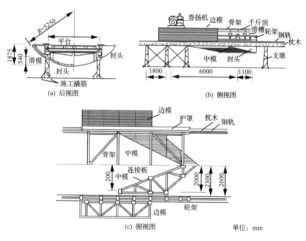

图 5-10　V形底拱拖模

2. 边墙和顶拱模板

边墙和顶拱模板有拆移式和移动式两种。拆移式模板又称为装配式模板,主要由面板、桁架、支撑及拉条组成。这种模板通常在现场架立,安装时通过拉条或支撑将模板固定在预埋铁件上,装拆费时,费用也高。

移动式模板有钢模台车和针梁台车。钢模台车如图5-11所示,主要由车架和模板两部分组成。车架下面装有可沿轨道移动的车轮。模板装拆时,利用车架上的水平、垂直千斤顶将模板顶起、撑开或放下;当台车轴线与隧洞轴线不相符合时,可用车架上的水平螺杆来调整模板的水平位置,保证立模的准确性。模板面板由定型钢模板和扣件拼装而成。

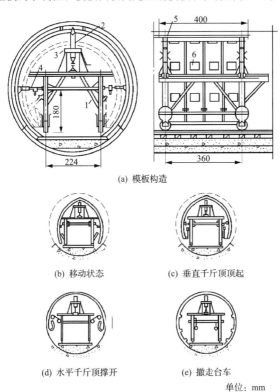

(a) 模板构造

(b) 移动状态

(c) 垂直千斤顶顶起

(d) 水平千斤顶撑开

(e) 撤走台车

单位:mm

图 5-11　钢模台车

1—车架;2—垂直千斤顶;3—水平螺杆;4—水平千斤顶;5—拼板;
6—混凝土进入口

钢模台车使用方便,可大大减少立模时间,从而加快施工进度。钢模台车可兼作洞内其他作业的工作平台,车架下空间大,可以布置运输线路。

3. 针梁模板

针梁模板是较先进的全断面一次成型模板,它利用两个多段长的型钢制作的方梁(针梁),通过千斤顶,一端固定在已浇混凝土面上,另一端固定在开挖岩面上,其中一段浇筑混凝土,另一段进行下一浇筑面的准备工作(如进行钢筋施工),如图 5-12 所示。

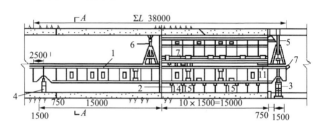

(a) 纵剖面图

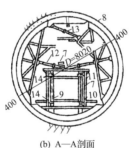

(b) A—A剖面　　　　单位:mm

图 5-12　针梁模板

1—大梁;2—钢模;3—前支座液压千斤顶;4—后支座液压千斤顶;5—前抗浮液压千斤顶;6—后抗浮液压千斤顶;7—行走装置系统;8—混凝土衬砌;9—大梁;10—行走轮;11—手动螺栓千斤顶(伸缩边模);12—手动螺栓千斤顶(伸缩边模);13—手动螺栓千斤顶(伸缩顶模);14—钢轨;15—千斤顶定位螺栓

三、钢筋施工

衬砌混凝土内的钢筋,形状比较简单,沿洞轴线方向变化不大,但在洞中运输和安装比较困难。钢筋安装前,应先在岩壁上打孔安插架立钢筋。钢筋的绑扎宜采用台车作业,以提高工效。

四、混凝土浇筑

模板、钢筋、预埋件、浇筑面清洗等准备工作完成后,即可开仓浇筑衬砌混凝土。由于洞内工作面狭小,大型机械设备难以采用,所以混凝土的入仓运输一般以混凝土泵为主。图 5-13 为用混凝土泵浇筑边墙和顶拱的布置示意图。

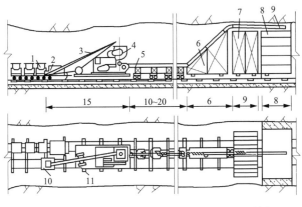

单位: m

图 5-13　用混凝土泵浇筑边墙和顶拱

1—斗车;2—机车;3—皮带机;4—混凝土泵;5—水平导管;6—支架;

7—扎钢筋用脚手架;8—模板;9—尾管;10—混凝土斗;11—混凝土泵

浇筑边墙时,混凝土由边墙模板上预留的"窗口"送入。两侧边墙的混凝土面应均衡上升,以免一侧受力过大使模板发生位移。浇筑顶拱时,混凝土由模板顶部预留的几个"窗口"送入,顺隧洞轴线方向边浇边退,直至浇完一段。如相邻段的混凝土已浇而无处可退时,则应从最后一个"窗口"退出,最后一个"窗口"拱顶处的混凝土浇筑,称为封拱。在最后一个"窗口"浇筑时，由于受到已浇段的限制，要想将混凝土送到拱顶处则异常困难。封拱的目的是使衬砌混凝土形成完整的拱圈。

用混凝土泵浇筑边墙和顶拱是隧洞混凝土衬砌最有效的方法。封拱时，在输送混凝土的导管末端接上冲天尾管，垂直穿过模板伸入仓内，如图 5-14 所示。尾管的位置应根据浇筑段长度和混凝土扩散半径来定，其间距一般为 4～6m。尾管出口与岩面的距离原则上是越近越好，但应保证压出的混凝土能自由扩散，一般为 20cm 左右。封拱时为了排除和调节仓内空气、检查拱顶填充情况，可以在浇筑面最高处设置通气管。在仓中央部位还需设置进人孔，以便进入仓内进行必要的辅助工作。

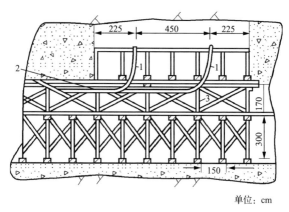

单位：cm

图 5-14　用混凝土泵封拱
1—垂直尾管；2—混凝土泵导管；3—支架

用混凝土泵封拱的步骤如下：

1) 当混凝土浇筑到拱顶仓面处时，撤出工人和浇筑设备，封闭进人孔；

2) 增大混凝土坍落度至 14～16cm，同时加大混凝土泵的输送速度，保证仓内混凝土的连续供应；

3) 当通气管开始漏浆或压入的混凝土量已超过预计方

量时,说明拱顶处已经填满,可停止输送混凝土,将尾管上包住预留孔眼的铁箍去掉,如图 5-15 所示,在孔眼中插入钢筋,防止混凝土下落,然后拆除混凝土导管;

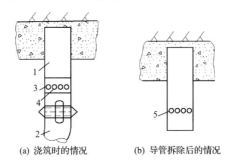

(a) 浇筑时的情况　　　　(b) 导管拆除后的情况

图 5-15　垂直尾管上的孔眼

1—尾管;2—导管;3—孔眼;4—铁皮;5—插入孔眼中的钢筋

4）拱顶拆模后,将露在外面的导管用氧气割去,并用砂浆抹平。

第三节　水　闸　施　工

一般水闸工程的施工内容有:导流工程、基坑开挖、基础处理、混凝土工程、砌石工程、回填土工程、闸门与启闭机安装、围堰拆除等。这里重点介绍闸室工程的施工。

水闸混凝土工程的施工应以闸室为中心,按照"先深后浅、先重后轻、先高后低、先主后次"的原则进行。

闸室混凝土施工是根据沉陷缝、温度缝和施工缝分块分层进行的。

一、底板施工

闸室地基处理后,对于软基应铺素混凝土垫层 8～10cm,以保护地基,找平基面。垫层养护 7d 后即在其上放出底板的样线。

首先进行扎筋和立模。距样线隔混凝土保护层厚度放置样筋,在样筋上分别画出分布筋和受力筋的位置并用粉笔标记,然后依次摆上设计要求的钢筋,检查无误后用丝扎扎好,最后垫上事先预制好的保护层垫块以控制保护层厚度。上层钢筋是通过绑扎好的下层钢筋上焊上三角架后固定的,齿墙部位弯曲钢筋是在下层钢筋绑扎好后焊在下层钢筋上的,在上层钢筋固定好后再焊在上层钢筋上。立模作业可与扎筋同时进行,底板模板一般采用组合钢模,模板上口应高出混凝土面 $10\sim20cm$,模板固定应稳定可靠。模板立好后标出混凝土面的位置,便于浇筑时控制浇筑高程。

一般中小型水闸采用手推车或机动翻斗车等运输工具运送混凝土入仓,须在仓面设脚手架,如图 5-16 所示。

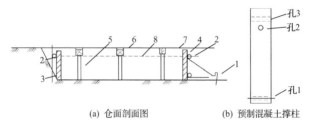

(a) 仓面剖面图　　　　(b) 预制混凝土撑柱

图 5-16　底板仓面布置

1—地龙;2—围令;3—支杆(钢管);4—模板;5—撑柱;6—撑木;

7—钢管脚手架;8—混凝土面

脚手架由预制混凝土撑柱、钢管、脚手板等构成。支柱断面一般为 $15cm\times15cm$,配 4 根直径 6mm 架立筋,高度略低于底板厚度,其上预留三个孔,其中孔 1 内插短钢筋头和底层钢筋焊在一起,孔 2 内插短钢筋头和上层钢筋焊在一起增加稳定性,孔 3 内穿铁丝绑扎在其上的脚手钢管上。撑柱间的纵横间距应根据底板厚度、脚手架布置和钢筋架立等因素通过计算确定。撑柱的混凝土强度等级应与浇筑部位相同,在达到设计强度后使用;断裂、残缺者不得使用;柱表面应凿毛并冲洗干净。

底板仓面的面积较大,采用平层浇筑法易产生冷缝,一般采用斜层浇筑法,这时应控制混凝土坍落度在 4cm 以下。为避免进料口的上层钢筋被砸变形,一般开始浇筑混凝土时,该处上层钢筋可暂不绑扎,待混凝土浇筑面将要到达上层钢筋位置时,再进行绑扎,以免因校正钢筋变形而延误浇筑时间。

为方便施工,一般穿插安排底板与消力池的混凝土浇筑。由于闸室部分重量大,沉陷量也大,而相邻的消力池重量较轻,沉陷量也小,如两者同时浇筑,较大的不均匀沉陷会将止水片撕裂,为此一般在消力池靠近底板处留一道施工缝,将消力池分成大小两部分,如图5-17所示。当闸室已有足够沉陷后即浇筑消力池二期混凝土,在浇筑消力池二期混凝土前,施工缝应注意进行凿毛冲洗等处理。

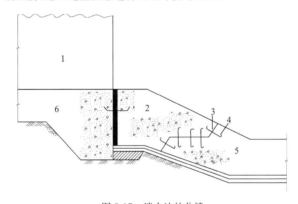

图 5-17　消力池的分缝

1—闸墩;2—二期混凝土;3—施工缝;4—插筋;5——一期混凝土;6—底板

二、闸墩施工

水闸闸墩的特点是高度大、厚度薄、模板安装困难,工程面狭窄,施工不便,在门槽部位钢筋密、预埋件多,干扰大。当采用整浇底板时,两沉陷缝之间的闸墩应对称同时浇筑,以免产生不均匀沉陷。

立模时,先立闸墩一侧平面模板,然后按设计图纸安装绑扎钢筋,再立另一侧的模板,最后再立前后的圆头模板。

闸墩立模要求保证闸墩的厚度和垂直度。闸墩平面部分一般采用组合钢模,通过纵横围令、木枋和对拉螺栓固定,内撑竹管保证浇筑厚度,如图 5-18 所示。

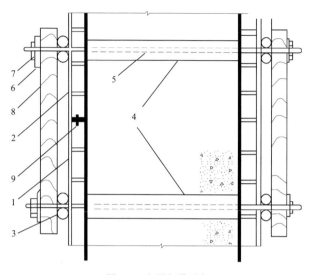

图 5-18　闸墩侧模固定

1—组合钢模;2—纵向围令;3—横向围令;4—撑杆;5—对拉钢筋;6—铁板;
7—螺栓;8—木枋;9—U 形卡

对拉螺栓一般用直径 16～20mm 的光面钢筋两头套丝制成,木枋断面尺寸为 15cm×15cm,长度 2m 左右,两头钻孔便于穿对拉螺栓。安装顺序是先用纵向横钢管围令固定好钢模后,调整模板垂直度,然后用斜撑加固保证横向稳定,最后自下而上加对拉螺栓和木枋加固。注意脚手钢管与模板围令或支撑钢管不能用扣件连接起来,以免脚手架的振动影响模板。

闸墩圆头模板的构造和架立,如图 5-19 所示。

闸墩模板立好后,即开始清仓工作。用水冲洗模板内侧和闸墩底面,冲洗污水由底层模板上预留的孔眼流走。清仓后即将孔眼堵住,经隐蔽工程验收合格后即可浇筑混凝土。

为保证新浇混凝土与底板混凝土结合可靠,首先应浇2～3cm 厚的水泥砂浆。混凝土一般采用漏斗下挂溜筒下

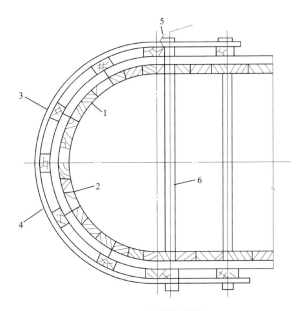

图 5-19 闸墩圆头模板

1—钢模;2—板带;3—垂直围令;4—钢环;5—螺栓;6—撑管

料,漏斗的容积应和运输工具的容积相匹配,避免在仓面二次转运,溜筒的间距为 2~3m。一般划分成几个区段,每区内固定浇捣工人,不要往来走动,振动器可以二区合用一台,在相邻区内移动。混凝土入仓时,应注意平均分配给各区,使每层混凝土的厚度均匀、平衡上升,不单独浇高,以使整个浇筑面大致水平。每层混凝土的铺料厚度应控制在 30cm 左右。

三、接缝止水施工

一般中小型水闸接缝止水采用止水片或沥青井止水,缝内充填填料。止水片可用紫铜片、镀锌铁片或塑料止水带。紫铜止水片常用的形状有两种,如图 5-20 所示。其中铜片厚度为 1.2~1.55mm,鼻高 30~40mm。U 形止水片下料宽度 500mm,计算宽度 400mm;V 形止水片下料宽度 460mm,计算宽度 300mm。

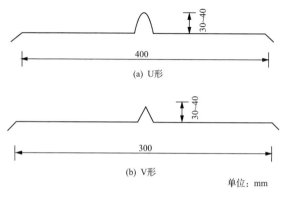

(a) U形

(b) V形

单位: mm

图 5-20　紫铜止水片

紫铜片使用前应进行退火处理,以增加其延伸率,便于加工和焊接。一般用柴火退火,空气自然冷却。退火后其延伸率可从 10% 提高至 41.7%。接头按规范要求用搭接或折叠咬接双面焊,搭焊长度大于 20mm。U 形鼻子内应填塞沥青膏或油浸麻绳。

四、闸门槽施工

中、小型水闸闸门槽施工可采用预埋一次成型法或先留槽后浇二期混凝土两种方法。一次成型法是将导轨事先钻孔,然后预埋在门槽模板的内侧,如图 5-21 所示。闸墩浇筑时,导轨即浇入混凝土中。二期混凝土法是在浇第一期混凝土时,在门槽位置留出一个较门槽为宽的槽位,在槽内预埋一些开脚螺栓或锚筋,作为安装导轨时的固定点;待一期混凝土达到一定强度后,用螺栓或电焊将导轨位置固定,调整无误后,再用二期混凝土回填预留槽,如图 5-22 所示。

门槽及导轨必须铅直无误,所以在立模及浇注过程中应随时用吊锤校正。门槽较高时,吊锤易晃动,可在吊锤下部放一油桶,使垂球浸入黏度较大的机油中。闸门底槛设在闸底板上,在施工初期浇筑底板时,底槛往往不能及时加工供货,所以常在闸底板上留槽,以后浇二期混凝土,如图 5-23 所示。

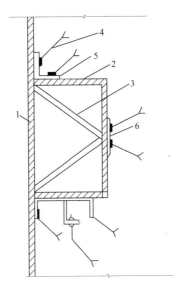

图 5-21 闸门槽一次成型法

1—闸墩模板；2—门槽模板；3—撑头；4—开脚螺栓；5—门槽角铁；6—侧导轨道

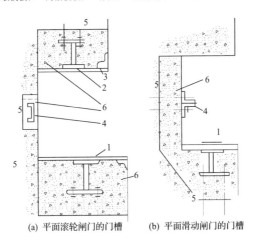

(a) 平面滚轮闸门的门槽　　　(b) 平面滑动闸门的门槽

图 5-22 平面闸门槽的二期混凝土

1—主轮(滑轮)导轨；2—反轨导轨；3—侧水封座；4—侧导轮；

5—预埋基脚螺栓；6—二期混凝土

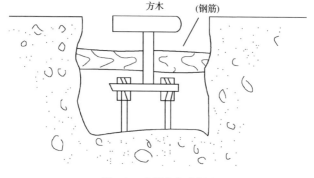

图 5-23　底槛安装示意图

第四节　预制及预应力混凝土施工

一、预制混凝土构件施工

1. 预制混凝土构件制作工艺

预制构件的制作过程包括模板的制作与安装,钢筋的制作与安装,混凝土的制备、运输,构件的浇筑振捣和养护、脱模与堆放等。

根据生产过程中组织构件成型和养护的不同特点,预制构件制作工艺可分为台座法、机组流水法和传送带法 3 种。

(1) 台座法。台座是表面光滑平整的混凝土地坪、胎模或混凝土槽。构件的成型、养护、脱模等生产过程都在台座上进行。

(2) 机组流水法。机组流水法是在车间内,根据生产工艺的要求将整个车间划分为几个工段,每个工段皆配备相应的工人和机具设备,构件的成型、养护、脱模等生产过程分别在有关的工段循序完成。

(3) 传送带法。模板在一条呈封闭环形的传送带上移动,各个生产过程都是在沿传送带循序分布的各个工作区中进行。

2. 预制混凝土构件模板

现场就地制作预制构件常用的模板有胎模、重叠支模、水平拉模等。预制厂制作预制构件常用的模板有固定式胎模、拉模、折页式钢模等。

（1）胎模。胎模是指用砖或混凝土材料筑成构件外形的底模，它通常用木模作为边模。多用于生产预制梁、柱、槽形板及大型屋面板等构件，如图 5-24 所示。

（2）重叠支模。重叠支模如图 5-25(a)所示，即利用先预制好的构件作底模，沿构件两侧安装侧模板后再制作同类构件。对于矩形、梯形柱和梁以及预制桩，还可以采用间隔重叠法施工，以节省侧模板，如图 5-25(b)所示。

（3）水平拉模。拉模由钢制外框架、内框架侧模与芯管、前后端头板、振动器、卷扬机抽芯装置等部分组成。内框架侧模、芯管和前端头板组装为一个整体，可整体抽芯和脱模。

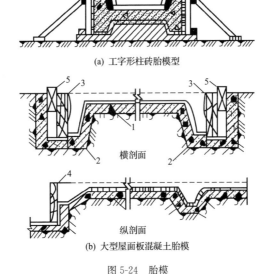

(a) 工字形柱砖胎模型

横剖面

纵剖面

(b) 大型屋面板混凝土胎模

图 5-24　胎模

1—胎模；2—65cm×5cm方木；3—侧模；4—端模；5—木楔

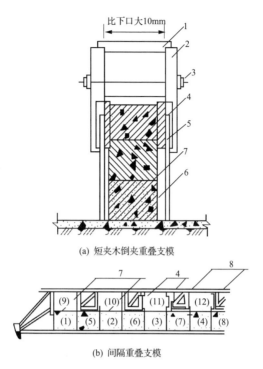

(a) 短夹木倒夹重叠支模

(b) 间隔重叠支模

图 5-25　重叠支模法

1—临时撑头；2—短夹木；3—M12 螺栓；4—侧模；5—支脚；6—已捣构件；

7—隔离剂或隔离层；8—卡具

3. 预制混凝土构件的成型

预制混凝土构件常用的成型方法有振动法、挤压法、离心法等。

（1）振动法。用台座法制作构件，使用插入式振动器和表面振动器振捣。加压的方法分为静态加压法和动态加压法。前者用一压板加压，后者是在压板上加设振动器加压。

（2）挤压法。用挤压法连续生产空心板有两种切断方法：一种是在混凝土达到可以放松预应力筋的强度时，用钢筋混凝土切割机整体切断；另一种是在混凝土初凝前用灰铲手工操作或用气割法、水冲法把混凝土切断。

（3）离心法。离心法是将装有混凝土的模板放在离心机上，使模板以一定转速绕自身的纵轴旋转，模板内的混凝土由于离心力作用而远离纵轴，均匀分布于模板内壁，并将混凝土中的部分水分挤出，使混凝土密实。

4. 预制混凝土构件的养护

预制构件的养护方法有自然养护、蒸汽养护、热拌混凝土热模养护、太阳能养护、远红外线养护等。自然养护成本低，简单易行，但养护时间长，模板周转率低，占用场地大，我国南方地区的台座法生产多用自然养护。蒸汽养护可缩短养护时间，模板周转率相应提高，占用场地大大减少。蒸汽养护是将构件放置在有饱和蒸汽或蒸汽与空气混合物的养护室（或窑）内，在较高温度和湿度的环境中进行养护，以加速混凝土的硬化，使之在较短的时间内达到规定的强度标准值。

5. 预制混凝土构件成品堆放

混凝土强度达到设计强度后方可起吊。先用撬棍将构件轻轻撬松脱离底模，然后起吊归堆。构件的移运方法和支撑位置，应符合构件的受力情况，防止损伤。构件堆放应符合下列要求。

（1）堆放场地应平整夯实，并有排水措施。

（2）构件应按吊装顺序，以刚度较大的方向堆放稳定。

（3）重叠堆放的构件，标志应向外，堆垛高度应按构件强度、地面承载力、垫木强度及堆垛的稳定性确定，各层垫木的位置应在同一垂直线上。

二、预应力混凝土工程施工

1. 先张法预应力混凝土施工

先张法是在浇筑混凝土之前张拉钢筋（钢丝）产生预应力。一般用于预制梁、板等构件。预应力混凝土板生产工艺流程如图 5-26 所示。先张法一般用于预制构件厂生产定型的中小型构件，如楼板、屋面板、檩条及吊车梁等。

先张法生产时，可采用台座法和机组流水法。采用台座法时,预应力筋的张拉、锚固,混凝土的浇筑、养护及预应力筋放松等均在台座上进行;预应力筋放松前,其拉力由台座承受。采用机组流水法时,构件连同钢模通过固定的机组,按流水方式完成(张拉、锚固、混凝土浇筑和养护)每一生产过程;预应力筋放松前,其拉力由钢模承受。

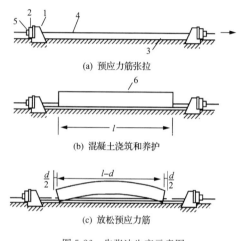

(a) 预应力筋张拉

(b) 混凝土浇筑和养护

(c) 放松预应力筋

图 5-26 先张法生产示意图

1—台座;2—横梁;3—台面;4—预应力筋;5—夹具;6—构件

(1) 先张法施工准备。

1) 台座。台座由台面、横梁和承力结构等组成,是先张法生产的主要设备。预应力筋张拉、锚固,混凝土浇筑、振捣和养护及预应力筋放张等全部施工过程都在台座上完成;预应力筋放松前,台座承受全部预应力筋的拉力。因此,台座应有足够的强度、刚度和稳定性。台座一般采用墩式台座和槽式台座。

槽式台座由端柱、传力柱、横梁和台面组成,如图 5-27 所示。槽式台座既可承受拉力,又可作蒸汽养护槽,适用于张拉吨位较高的大型构件,如屋架、吊车梁等。槽式台座需进行强度和稳定性计算。端柱和传力柱的强度按钢筋混凝土结构偏心受压构件计算。槽式台座端柱抗倾覆力矩由端柱、横梁自重力矩及部分张拉力矩组成。

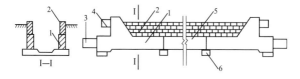

图 5-27　槽式台座

1—钢筋混凝土端柱；2—砖墙；3—下横梁；4—上横梁；5—传力柱；6—柱垫

2）夹具。夹具是先张法构件施工时保持预应力筋拉力，并将其固定在张拉台座（或设备）上的临时性锚固装置。按其工作用途不同分为锚固夹具和张拉夹具。

钢丝锚固夹分为圆锥齿板式夹具和镦头夹具；钢筋锚固常用圆套筒三片式夹具，由套筒和夹片组成。

张拉夹具是夹持住预应力筋后，与张拉机械连接起来进行预应力筋张拉的机具。常用的张拉夹具有月牙形夹具、偏心式夹具、楔形夹具等。

3）张拉设备。张拉机具的张拉力应不小于预应力筋张拉力的 1.5 倍；张拉机具的张拉行程不小于预应力筋伸长值的 1.1～1.3 倍。

钢丝张拉分单根张拉和成组张拉。用钢模以机组流水法或传送带生产构件时，常采用成组钢丝张拉。在台座上生产构件一般采用单根钢丝张拉，可采用电动卷扬机、电动螺杆张拉机进行张拉。

钢筋张拉设备一般采用千斤顶，穿心式千斤顶用于直径 12～20mm 的单根钢筋、钢绞线或钢丝束的张拉。张拉时，高压油泵启动，从后油嘴进油，前油嘴回油，被偏心夹具夹紧的钢筋随液压缸的伸出而被拉伸。

（2）先张法施工工艺。

1）张拉控制应力和张拉程序。张拉控制应力是指在张拉预应力筋时所达到的规定应力，应按设计规定采用。控制应力的数值直接影响预应力的效果。施工中采用超张拉工艺，使超张拉应力比控制应力提高 3‰～5‰。

预应力筋的张拉控制应力应符合设计要求。施工中预应力筋需要超张拉时,可比设计要求提高 3%～5%,但其最大张拉控制应力不得超过规定。

张拉程序可按下列之一进行:

$$0 \to 105\%\sigma_{con}$$

或

$$0 \to 103\%\sigma_{con}$$

式中:σ_{con}——预应力筋的张拉控制应力。

为了减少应力松弛损失,预应力钢筋宜采用超张拉程序 $0 \to 105\%\sigma_{con} \xrightarrow{\text{持荷 2min}} \sigma_{con}$。

预应力钢丝张拉工作量大时,宜采用一次张拉程序 $0 \to 103\%\sigma_{con}$。

张拉设备应配套校验,以确定张拉力与仪表读数的关系曲线,保证张拉力的准确,每半年校验一次。设备出现反常现象或检修后应重新校验。张拉设备宜定岗负责,专人专用。

2) 预应力筋(丝)的铺设。长线台座面(或胎模)在铺放钢丝前,应清扫并涂刷隔离剂。一般涂刷水溶性隔离剂,易干燥,污染钢筋易清除。涂刷均匀不得漏涂,待其干燥后,铺设预应力筋,一端用夹具锚固在台座横梁的定位承力板上,另一端卡在台座张拉端的承力板上待张拉。在生产过程中,应防止雨水或养护水冲刷掉台面隔离剂。

(3) 预应力筋的张拉。

1) 张拉前的准备。查预应力筋的品种、级别、规格、数量(排数、根数)是否符合设计要求。预应力筋的外观质量应全数检查,预应力筋应符合展开后平顺,没有弯折,表面无裂纹、小刺、机械损伤、氧化铁皮和油污等;张拉设备是否完好,测力装置是否校核准确;横梁、定位承力板是否贴合及严密稳固。预应力筋张拉后,对设计位置的偏差不得大于 5mm,也不得大于构件截面最短边长的 4%;在浇筑混凝土前发生断裂或滑脱的预应力筋必须予以更换。张拉、锚固预应力筋应专人操作,实行岗位责任制,并做好预应力筋张拉记录。

在已张拉钢筋(丝)上进行绑扎钢筋、安装预埋铁件、支撑安装模板等操作时,要防止踩踏、敲击或碰撞钢丝。

2) 混凝土的浇筑与养护。为了减少混凝土的收缩和徐变引起的预应力损失,在确定混凝土配合比时,应优先选用干缩性小的水泥,采用低水灰比,控制水泥用量,对骨料采取良好的级配等技术措施。预应力钢丝张拉、绑扎钢筋、预埋铁件安装及立模工作完成后,应立即浇筑混凝土,每条生产线应一次连续浇筑完成。采用机械振捣密实时,要避免碰撞钢丝。混凝土未达到一定强度前,不允许碰撞或踩踏钢丝。预应力混凝土可采用自然养护或湿热养护,自然养护不得少于 14d。干硬性混凝土浇筑完毕后,应立即覆盖进行养护。当预应力混凝土采用湿热养护时,要尽量减少由于温度升高而引起的预应力损失。为了减少温差造成的应力损失,采用湿热养护时,在混凝土未达到一定强度前,温差不要太大,一般不超过 20℃。

(4) 预应力筋放张。

1) 放张顺序。应力筋放张时,应缓慢放松锚固装置,使各根预应力筋缓慢放松;预应力筋放张顺序应符合设计要求,当设计未规定时,要求承受轴心预应力构件的所有预应力筋应同时放张。承受偏心预压力构件,应先同时放张预压力较小区域的预应力筋,再同时放张预压力较大区域的预应力筋。长线台座生产的钢弦构件,剪断钢丝宜从台座中部开始;叠层生产的预应力构件,宜按自上而下的顺序进行放松;板类构件放松时,从两边逐渐向中心进行。

2) 放张方法。对于中小型预应力混凝土构件,预应力丝的放张宜从生产线中间处开始,以减少回弹量且有利于脱模;对于构件应从外向内对称、交错逐根放张,以免构件扭转、端部开裂或钢丝断裂。放张单根预应力筋,一般采用千斤顶张拉,构件预应力筋较多时,整批同时放张可采用砂箱、楔块等放松装置。

2. 后张法预应力混凝土施工

后张法是在混凝土浇筑的过程中,预留孔道,待混凝土构件达到设计强度后,在孔道内穿入主要受力钢筋,张拉锚固建立预应力,并在孔道内进行压力灌浆,用水泥浆包裹保护预应力钢筋。后张法主要用于制作大型吊车梁、屋架以及用于提高闸墩的承载能力。其工艺流程如图 5-28 所示。

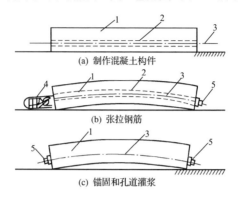

(a) 制作混凝土构件

(b) 张拉钢筋

(c) 锚固和孔道灌浆

图 5-28　预应力混凝土后张法生产示意图

1—混凝土构件;2—预留孔道;3—预应力筋;4—千斤顶;5—锚具

(1) 预应力筋锚具和张拉机具。

1) 单根粗钢筋锚具。单根粗钢筋的预应力筋,如果采用一端张拉,则在张拉端用螺丝端杆锚具,固定端用帮条锚具或镦头锚具;如果采用两端张拉,则两端均用螺丝端杆锚具。螺丝端杆锚具如图 5-29 所示。镦头锚具由镦头和垫板组成。

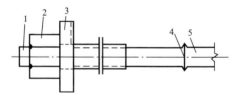

图 5-29　螺丝端杆锚具

1—端杆;2—螺母;3—垫板;4—焊接接头;5—钢筋

2) 张拉设备。与螺丝端杆锚具配套的张拉设备为拉杆式千斤顶。常用的有 YL20 型、YL60 型油压千斤顶。YL60

型千斤顶是一种通用型的拉杆式液压千斤顶,适用于张拉采用螺丝端杆锚具的粗钢筋、锥形螺杆锚具的钢丝束及镦头锚具的钢筋束。单根粗钢筋预应力筋的制作,包括配料、对焊、冷拉等工序。预应力筋的下料长度应计算确定,计算时要考虑结构构件的孔道长度、锚具厚度、千斤顶长度、焊接接头或镦头的预留量、冷拉伸长值、弹性回缩值等,如图 5-30 所示。两端用螺丝端杆锚具预应力筋的下料长度按公式(5-1)计算。

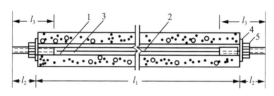

图 5-30　粗钢筋下料长度计算示意图

1—螺丝端杆;2—预应力钢筋;3—对焊接头;4—垫板;5—螺母

$$L = \frac{l_1 + 2(l_2 - l_3)}{1 + \gamma - \delta} + n\Delta \qquad (5\text{-}1)$$

式中:L——预应力筋钢筋部分的下料长度,mm;

l_1——构件孔道长度,mm;

l_2——螺丝端杆锚具处露在构件孔道长度,一般取 120~150mm;

l_3——螺丝端杆锚具长度,mm;

γ——预应力筋的冷拉率(由试验确定);

δ——预应力筋的冷拉弹性回缩率(一般为 0.4%~0.6%);

n——对焊接头数量;

Δ——每个对焊接头的压缩量(可取 1 倍预应力筋直径),mm。

3) 钢筋束、钢绞线锚具。钢筋束、钢绞线采用的锚具有 JM 型、XM 型、QM 型和镦头锚具。JM 型锚具由锚环与夹片组成。

钢筋束、钢绞线的制作。钢筋束所用钢筋是呈圆盘供应，不需对焊接头。钢筋束或钢绞线束预应力筋的制作包括开盘冷拉、下料、编束等工序。预应力钢筋束下料应在冷拉后进行。当采用镦头锚具时，则应增加镦头工序。

当采用 JM 或 XM 型锚具，用穿心式千斤顶张拉时，钢筋束和钢丝束的下料长度 L 应等于构件孔道长度加上两端为张拉、锚固所需的外露长度。

4) 钢丝束锚具。钢丝束用作预应力筋时，由几根到几十根直径 3~5mm 的平行碳素钢丝组成。其固定端采用钢丝束镦头锚具，张拉端锚具可采用钢质锥形锚具、锥形螺杆锚具、XM 型锚具。锥形螺杆锚具用于锚固 14 根、16 根、20 根、24 根或 28 根直径为 5mm 的碳素钢丝。

锥形螺杆锚具、钢丝束镦头锚具宜采用拉杆式千斤顶 (YL60 型)或穿心式千斤顶(YC60 型)张拉锚固。钢质锥形锚具应用锥锚式双作用千斤顶(常用 YZ60 型)张拉锚固。

钢丝束制作一般需经调直、下料、编束和安装锚具等工序。当用钢质锥形锚具、XM 型锚具时，钢丝束的制作和下料长度计算基本上与预应力钢筋束相同。钢丝束镦头锚固体系，如采用镦头锚具一端张拉时，应考虑钢丝束张拉锚固后螺母位于锚环中部。用钢丝束镦头锚具锚固钢丝束时，其下料长度力求精确。编束是为了防止钢筋扭结。采用镦头锚具时，将内圈和外圈钢丝分别用铁丝按次序编排成片，然后将内圈放在外圈内绑扎成钢丝束。

(2) 后张法施工工艺。后张法施工工艺与预应力施工有关的是孔道留设、预应力筋张拉和孔道灌浆 3 部分。

1) 孔道留设。构件中留设孔道主要为穿预应力钢筋(束)及张拉锚固灌浆用。孔道留设要求：孔道直径应保证预应力筋(束)能顺利穿过；孔道应按设计要求的位置、尺寸埋设准确、牢固，浇筑混凝土时不应出现移位和变形；在设计规定位置上留设灌浆孔；在曲线孔道的曲线波峰部位应设置排气兼泌水管，必要时可在最低点设置排水管；灌浆孔及泌水管的孔径应能保证浆液畅通。

预留孔道形状有直线、曲线和折线形,孔道留设方法有钢管抽芯法、胶管抽芯法和预埋管法。

2)预应力筋张拉。预应力筋的张拉控制应力应符合设计要求,施工时预应力筋需超张拉,可比设计要求提高 3%～5%。

将成束的预应力筋一头对齐,按顺序编号套在穿束器上。预应力筋张拉顺序应按设计规定进行;如设计无规定时,应采取分批分阶段对称地进行。预应力混凝土屋架下弦预应力筋张拉顺序,如图 5-31 所示。预应力混凝土吊车梁预应力筋采用两台千斤顶的张拉顺序,对配有多根不对称预应力筋的构件,应采用分批分阶段对称张拉,如图 5-32 所示。平卧重叠浇筑的预应力混凝土构件,张拉预应力筋的顺序是先上后下,逐层进行。

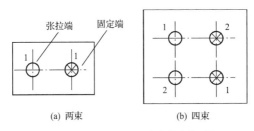

(a) 两束　　　　　　　　　(b) 四束

图 5-31　屋架下弦杆预应力筋张拉顺序

1、2—预应力筋的分批张拉顺序

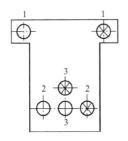

图 5-32　吊车梁预应力筋的张拉顺序

1、2、3—预应力筋的分批张拉顺序

预应力筋张拉程序。预应力筋的张拉程序主要根据构件类型、张锚体系、松弛损失取值等因素来确定。用超张拉方法减少预应力筋的松弛损失时,预应力筋的张拉程序宜为

$$0 \rightarrow 105\%\sigma_{con} \xrightarrow{\text{持荷 } 5min} \sigma_{con}$$

如果预应力筋张拉吨位不大,根数很多,而设计中又要求采取超张拉以减少应力松弛损失时,其张拉程序可为

$$0 \rightarrow 103\%\sigma_{con}$$

预应力筋的张拉方法。对于曲线预应力筋和长度大于24m 的直线预应力筋,应采用两端同时张拉的方法;长度等于或小于24m 的直线预应力筋,可一端张拉,但张拉端宜分别设置在构件两端。对预埋波纹管孔道曲线预应力筋和长度大于30m 的直线预应力筋宜在两端张拉,长度等于或小于30m 的直线预应力筋可在一端张拉。安装张拉设备时,对于直线预应力筋,应使张拉力的作用线与孔道中心线重合;对于曲线预应力筋,应使张拉力的作用线与孔道中心线末端的切线方向重合。

3) 孔道灌浆。预应力筋张拉后,应立即用灰浆泵将水泥浆压灌到预应力孔道中去。灌浆用水泥浆应有足够的黏结力,且应有较大的流动性、较小的干缩性和泌水性。灌浆前,用压力水冲洗和湿润孔道。灌浆顺序应先下后上,以免上层孔道漏浆把下层孔道堵塞。灌浆工作应缓慢均匀连续进行,不得中断。

3. 无黏结预应力混凝土施工

无黏结预应力混凝土无须预留管道与灌浆,而是将无黏结预应力筋同普通钢筋一样铺设在结构模板设计位置上,用20～22 号铁丝与非预应力钢丝绑扎牢靠后浇筑混凝土;待混凝土达到设计强度后,对无黏结预应力筋进行张拉和锚固,借助于构件两端锚具传递预压应力。

(1) 无黏结预应力筋。无黏结预应力筋是由 7 根 ϕ5mm 高强钢丝组成的钢丝束或扭结成的钢绞线,通过专门设备涂包涂料层和包裹外包层构成的。涂料层一般采用防腐沥青。

无黏结预应力混凝土中,锚具必须具有可靠的锚固能力,要求不低于无黏结预应力筋抗拉强度的95%。

(2) 无黏结预应力筋的铺放与定位。铺设双向配筋的无黏结预应力筋时,应先铺设标高低的钢丝束,再铺设标高较高的钢丝束,以避免两个方向钢丝束相互穿插。无黏结预应力筋应在绑扎完底筋以后进行铺放。无黏结预应力筋应铺放在电线管下面。

无黏结预应力筋常用钢丝束镦头锚具和钢绞线夹片式锚具。无黏结钢丝束镦头锚具张拉端钢丝束从外包层抽拉出来,穿过锚杯孔眼镦粗头。无黏结钢绞线夹片式锚具常采用 XM 型锚具,其固定端采用压花成型埋置在设计部位,待混凝土强度等级达到设计强度后,方能形成可靠的黏结式锚头。

混凝土强度达到设计强度时才能进行张拉。张拉程序采用 $0 \rightarrow 103\% \sigma_{con}$。张拉顺序应根据设计顺序,先铺设的先张拉,后铺设的后张拉。锚具外包混凝土。

4. 电热法施工工艺

电热法是利用钢筋热胀冷缩原理来张拉预应力筋的一种施工方法。电热法适用于冷拉 HRB400、RRB400 钢筋或钢丝配筋的先张法、后张法和模外张拉构件。

第五节　渡　槽　施　工

渡槽施工有现浇施工和预制吊装两类,下面介绍渡槽预制吊装施工。

一、吊装前的准备工作

(1) 制定吊装方案,编排吊装工作计划,明确吊装顺序、劳力组织、吊装方法和进度。

(2) 制定安全技术操作规程。对吊装方法步骤和技术要求要向施工人员详细交底。

(3) 检查吊装机具、器材和人员分工情况。

(4) 对待吊的预制构件和安装构件的墩台、支座按有关规范标准组织质量验收,不合格的应及时处理。

（5）组织对起重机具的试吊和对地锚的试拉,并检验设备的稳定和制动灵敏可靠性。

（6）做好吊装观测和通信联络。

二、排架吊装

1. 垂直吊插法

垂直吊插法是用吊装机具将整个排架垂直吊离地面后,再对准并插入基础预留的杯口中校正固定的吊装方法。其吊装步骤如下:

（1）事先测量构件的实际长度与杯口高程,削平补齐后将排架底部打毛,清洗干净,并对其中轴线用墨线弹出。

（2）将吊装机具架立固定于基础附近,如使用设有旋转吊臂的扒杆,则吊钩应尽量对准基础的中心。

（3）用吊索绑扎排架顶部并挂上吊钩,将控制拉索捆好,驱动吊车(卷扬机、绞车),排架随即上升,架脚拖地缓缓滑行,当构件将要离地悬空直立时,以人力控制拉索,防止构件旋摆。当构件全部离地后,将其架脚对准基础杯口,同时刹住绞车。

（4）倒车使排架徐徐下降,排架脚垂直插入杯口。

（5）当排架降落刚接触杯口底部时,即刹住绞车,以钢杆撬正架脚,先使底部对位,然后以预制的混凝土楔子校正架脚位置,同时用经纬仪检测排架是否垂直,并一边以拉索和楔子校正。

（6）当排架全部校正就位后,将杯口用楔子楔紧,即可松脱吊钩,同时用高一级强度等级的小石混凝土填充,填满捣固后再用经纬仪复测一次,如有变位,随即以拉索矫正,安装即告完毕。

2. 就地旋转立装法

就地旋转立装法是把支架当作一旋转杠杆,其旋转轴心设于架脚,并与基础铰接好,吊装时用起重机吊钩拉吊排架顶部,排架就地旋转立正于基础上。

三、槽身吊装

1. 起重设备架立在地面上的吊装方法

简支梁、双悬臂梁结构的槽身可采用普通的起重扒杆或吊车升至高于排架之后,采用水平移动或旋转对正支座,降落就位即可。

图 5-33(a)是采用四台独脚扒杆抬吊的示意图。这种方法扒杆移动费时,吊装速度较慢。图 5-33(b)是龙门架抬吊槽身的示意图。在浇好的排架顶端固定好龙门架,通过四台卷扬机将槽身抬吊上升至设计高程以上,装上钢制横梁,倒车下放即可使槽身就位。

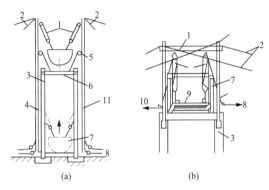

图 5-33 地面吊装槽身示意图

1—主滑车组;2—缆风绳;3—排架;4—独脚扒杆;5—副滑车组;6—横梁;
7—预制槽身位置;8—至绞车;9—平衡索;10—钢梁;11—龙门架

2. 双人字悬臂扒杆的槽上构件吊装

双人字悬臂扒杆槽上吊装法适用于槽身断面较大(宽2m以上),渡槽排架较高,一般起重扒杆吊装时高度不足或槽下难以架立吊装机械的场合。

吊装时先将双人字悬臂扒杆架立在边墩或已安装好的槽身上,主桅用钢拉杆或钢丝绳锚定,卷扬机紧接于扒杆后面固定在槽身上,以钢梁作撑杆,吊臂斜伸至欲吊槽身的中心。驱动卷扬机起吊槽身,同时通过拉索控制槽身在两排架之间垂直上升。当槽身升高至支座以上时刹车停升,以拉索控制槽身水平旋转使两端正对支座,倒车使槽身降落就位,并同时进行测量、校正、固定,如图 5-34 所示。

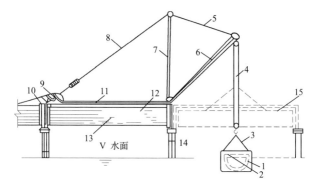

图 5-34 双人字悬臂扒杆吊装槽身

1—浮运待吊槽身;2—槽端封闭板;3—吊索;4—起重索;5—拉杆;6—吊臂;
7—人字架;8—钢拉杆;9—卷扬机;10—预埋锚环;11—撑架;12—穿索孔;
13—已固定槽身;14—排架;15—即将就位槽身

第六章

混凝土特殊施工工艺

第一节 泵送混凝土施工

泵送混凝土是将混凝土拌和物从搅拌机出口通过管道连续不断地泵送到浇筑仓面的一种施工方法。

一、混凝土泵

混凝土泵类型及泵送原理见表 6-1。

表 6-1　　　　　　　　　混凝土泵类型及泵送原理

类别		泵送原理
活塞式	机械式	动力装置带动曲柄使活塞往返动作,将混凝土送出,如图 6-1 所示
	液压式	液压装置推动活塞往返动作,将混凝土送出,如图 6-5 所示
挤压式		泵室内有橡胶管及滚轮架,滚轮架转动时将橡胶管内混凝土压出,如图 6-2 所示
隔膜式		利用水压力压缩泵体内橡胶隔膜,将混凝土压出,如图 6-3 所示
气罐式		利用压缩空气将贮料罐内的混凝土吹压输送出,如图 6-4 所示

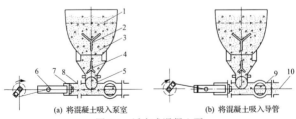

(a) 将混凝土吸入泵室　　　　　　(b) 将混凝土吸入导管

图 6-1　活塞式混凝土泵

1—筛网;2—搅拌器;3—料斗;4—喂料器;5—吸入阀;6—活塞;7—气缸;

8—工作室(泵室);9—压出阀;10—导管

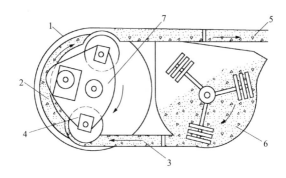

图 6-2　挤压式混凝土泵

1—泵室；2—橡胶软管；3—吸入管；4—回转滚轮；5—导管；
6—料斗；7—滚轮架

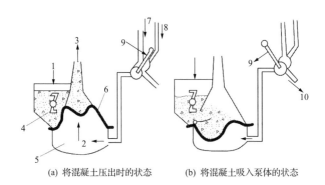

(a) 将混凝土压出时的状态　　(b) 将混凝土吸入泵体的状态

图 6-3　隔膜式混凝土泵

1—进料口；2—压送；3—泵出；4—搅拌器；5—泵体；6—隔膜；
7—水从水箱来；8—水从水泵来(此时 10 关闭)；9—四通阀；
10—水从水泵出(此时 7、8 关闭)

　　工程上使用较多的是液压活塞式混凝土泵，它是通过液压缸的压力油推动活塞，再通过活塞杆推动混凝土缸中的工作活塞来进行压送混凝土。

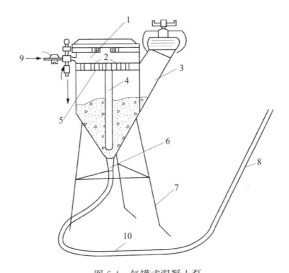

图 6-4　气罐式混凝土泵

1—贮气间；2—气孔(φ10mm)；3—装料口；4—风管；5—隔板；6—出风口；

7—支架；8—注浆管；9—进气口；10—输料软管

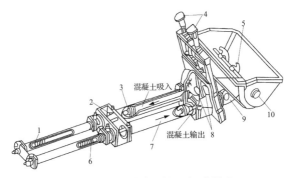

混凝土吸入

混凝土输出

图 6-5　液压活塞式混凝土泵工作原理

1—主油缸；2—洗涤室；3—混凝土活塞；4—滑阀缸；5—搅拌叶片；

6—主油缸活塞；7—输送缸；8—滑阀；9—Y形管；10—料斗

混凝土泵分拖式(地泵)和泵车两种形式。图 6-6 为 HBT60 拖式混凝土泵示意图。它主要由混凝土泵送系统、液压操作系统、混凝土搅拌系统、油脂润滑系统、冷却和水泵清洗系统以及用来安装和支承上述系统的金属结构车架、车桥、支脚和导向轮等组成。

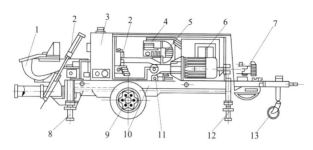

图 6-6　拖式混凝土泵

1—料斗；2—集流阀组；3—油箱；4—操作盘；5—冷却器；6—电器柜；
7—水泵；8—后支脚；9—车桥；10—车架；11—排出量手轮；
12—前支脚；13—导向轮

混凝土泵送系统由左、右主油缸、先导阀、洗涤室、止动销、混凝土活塞、输送缸、滑阀及滑阀缸、Y 形管、料斗架组成。当压力油进入右主油缸无杆腔时，有杆腔的液压油通过闭合油路进入左主油缸，同时带动混凝土活塞缩回并产生自吸作用，这时在料斗搅拌叶片的助推作用下，料斗的混凝土通过滑阀吸入口，被吸入输送缸，直到右主轴油缸活塞行程到达终点，撞击先导阀实现自动换向后，左缸吸入的混凝土再通过滑阀输出口进入 Y 形管，完成一个吸、送行程。由于左、右主油缸是不断地交叉完成各自的吸、送行程，这样，料斗里的混凝土就源源不断被输送到达作业点，完成泵送作业，见表 6-2。

表 6-2　　　　　　　混凝土泵泵送循环

	活塞	滑阀	
吸入混凝土	缩回	吸入口放开	输出口关闭
输出混凝土	推进	吸入口关闭	输出口开放

将混凝土泵安装在汽车上称为臂架式混凝土泵车，它是

将混凝土泵安装在汽车底盘上，并用液压折叠式臂架管道来运输混凝土，不需要在现场临时铺设管道，见图 6-7。

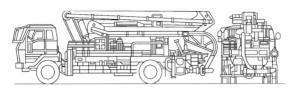

图 6-7　混凝土泵车

二、泵送混凝土的配合比

泵送混凝土除满足普通混凝土有关要求外，还应具备可泵性。可泵性与胶凝材料类型、砂子级配及砂率、石子颗粒大小及级配、水灰比及外加剂品种与掺量等因素有关。

1. 原材料要求

（1）胶凝材料。

1）水泥品质符合国家标准。泵送混凝土可选用硅酸盐水泥、普通水泥、矿渣水泥、粉煤灰水泥，不宜采用火山灰水泥，一般采用保水性好的硅酸盐水泥或普通硅酸盐水泥。泵送大体积混凝土时，应选用水化热低的水泥。

2）为节约水泥，保证混凝土拌和物具有必要的可泵性，在配制泵送混凝土时可掺入一定数量粉煤灰。粉煤灰质量应符合标准。

泵送混凝土的用水量与水泥及矿物掺和料的总量之比不宜大于 0.60，水泥和矿物掺和料的总量不宜小于 300kg/m^3，砂率宜为 35%～45%，掺用引气型外加剂时，其混凝土含气量不宜大于 4%。胶凝材料用量建议采用表 6-3 中的数据。

表 6-3　　泵送混凝土胶凝材料用量最小值（单位：kg/m^3）

泵送条件	输送管直径/mm			输送管水平折算距离/m		
	100	125	150	<60	60～150	>150
胶凝材料用量	300	290	280	280	290	300

（2）骨料。粗骨料的最大粒径与输送管径之比，当泵送高度在 50m 以下时，对碎石不宜大于 1∶3，对卵石不宜大于 1∶2.5；泵送高度在 50～100m 时，对碎石不宜大于 1∶4，对卵石不宜大于 1∶3；泵送高度在 100m 以上时，对碎石不宜大于 1∶5，对卵石不宜大于 1∶4。粗骨料应采用连续级配，且针片状颗粒含量不宜大于 10%。宜采用中砂，其通过 0.315mm 筛孔的颗粒含量不应小于 15%。

（3）外加剂。为节约水泥及改善可泵性，常采用减水剂及泵送剂。泵送混凝土适用于需要采用泵送工艺混凝土的高层建筑，超缓凝泵送剂用于大体积混凝土，含防冻组分的泵送剂适用于冬季施工混凝土。

2. 坍落度

规范要求进泵混凝土拌和物坍落度一般宜为 14～18cm。但如果石子粒径适宜、级配良好、配合比适当，坍落度为 10～20cm 的混凝土也可泵送。当管道转弯较多时，由于弯管、接头多，压力损失大，应适当加大坍落度。向下泵送时，为防止混凝土因自重下滑而引起堵管，坍落度应适当减小。向上泵送时，为避免过大的倒流压力，坍落度亦不能过大。

三、泵送混凝土施工

1. 施工准备

（1）混凝土泵的安装。

1）混凝土泵安装应水平，场地应平坦坚实，尤其是支腿支承处。严禁左右倾斜和安装在斜坡上，如地基不平，应整平夯实。

2）应尽量安装在靠近施工现场。若使用混凝土搅拌运输车供料，还应注意车道和进出方便。

3）长期使用时需在混凝土泵上方搭设工棚。

4）混凝土泵安装应牢固：①支腿升起后，插销必须插准锁紧并防止振动松脱。②布管后应在混凝土泵出口转弯的弯管和锥管处，用钢钎固定。必要时还可用钢丝绳固定在地面上，如图 6-8 所示。

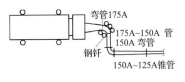

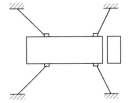

图 6-8　混凝土泵的安装固定

（2）管道安装。泵送混凝土布管，应根据工程施工场地特点，最大骨料粒径、混凝土泵型号、输送距离及输送难易程度等进行选择与配置。布管时，应尽量缩短管线长度，少用弯管和软管；在同一条管线中，应采用相同管径的混凝土管；同时采用新、旧配管时，应将新管布置在泵送压力较大处，管线应固定牢靠，管接头应严密，不得漏浆；应使用无龟裂、无凸凹损伤和无弯折的配管。

1）混凝土输送管的使用要求。①管径。输送管的管径取决于泵送混凝土粗骨料的最大粒径。泵送管道及配件见表 6-4。②管壁厚度。管壁厚度应与泵送压力相适应。使用管壁太薄的配管，作业中会产生爆管，使用前应清理检查。太薄的管应装在前端出口处。

表 6-4　　　　　　　　泵送管道及配件

类别		单位	规格
直管	管径	mm	100、125、150、175、200
	长度	m	4、3、2、1
弯管	水平角		15°、30°、45°、60°、90°
	曲率半径	m	0.5、1.0
锥形管		mm	200～175、175～150、150～125、125～100
布料管	管径	mm	与主管相同
	长度	mm	约6000

2）布管。混凝土输送管线宜直,转弯宜缓,以减少压力损失;接头应严密,防止漏水漏浆;浇筑点应先远后近(管道只拆不接,方便工作);前端软管应垂直放置,不宜水平布置使用。如需水平放置,切忌弯曲角过大,以防爆管。管道应合理固定,不影响交通运输,不搞乱已绑扎好的钢筋,不使模板振动;管道、弯头、零配件应有备品,可随时更换。垂直向上布管时,为减轻混凝土泵出口处压力,宜使地面水平管长度不小于垂直管长度的四分之一,一般不宜少于 15m。如条件限制可增加弯管或环形管满足要求。当垂直输送距离较大时,应在混凝土泵机 Y 形管出口 3～6m 处的输送管根部设置销阀管(亦称插管),以防混凝土拌和物反流,如图 6-9 所示。

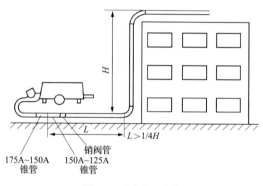

图 6-9　垂直向上布管

斜向下布管时,当高差大于 20m 时,应在斜管下端设置 5 倍高差长度的水平管;如条件限制,可增加弯管或环形管满足以上要求,如图 6-10 所示。

当坡度大于 20°时,应在斜管上端设排气装置。泵送混凝土时,应先把排气阀打开,待输送管下段混凝土有了一定压力时,方可关闭排气阀。

（3）混凝土泵空转。混凝土泵压送作业前应空运转,方法是将排出量手轮旋至最大排量,给料斗加足水空转 10min 以上。

（4）管道润滑剂的压送。混凝土泵开始连续泵送前要对

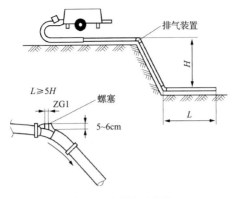

图 6-10　倾斜向下布管

配管泵送润滑剂。润滑剂有砂浆和水泥浆两种,一般常采用砂浆。砂浆的压送方法是:

1) 配好砂浆。按设计配合比配制砂浆。

2) 将砂浆倒入料斗。并调整排出量手轮至 $20\sim30\mathrm{m}^3/\mathrm{h}$ 处,然后进行压送。当砂浆即将压送完毕时,即可倒入混凝土,直接转入正常压送。

3) 砂浆压送出现堵塞时,可拆下最前面的一节配管,将其内部脱水块取出,接好配管,即可正常运转。

2. 混凝土的压送

(1) 混凝土压送。开始压送混凝土时,应使混凝土泵低速运转,注意观察混凝土泵的输送压力和各部位的工作情况,在确认混凝土泵各部位工作正常后,才提高混凝土泵的运转速度,加大行程,转入正常压送。

如管路有向下倾斜下降段时,要将排气阀门打开,在倾斜段起点塞一个用湿麻袋或泡沫塑料球做成的软塞,以防止混凝土拌和物自由下降或分离。塞子被压送的混凝土推送,直到输送管全部充满混凝土后,关闭排气阀门。

正常压送时,要保持连续压送,尽量避免压送中断。静停时间越长,混凝土分离现象就会越严重。当中断后再继续压送时,输送管上部泌水就会被排走,最后剩下的下沉粗骨料就易造成输送管的堵塞。

　　泵送时,受料斗内应经常有足够的混凝土,防止吸入空气造成阻塞。

　　(2) 压送中断措施。浇灌中断是允许的,但不得随意留施工缝。浇灌停歇压送中断期内,应采取一定的技术措施,防止输送管内混凝土离析或凝结而引起管路的堵塞。压送中断的时间一般应限制在 1h 之内,夏季还应缩短。压送中断期内混凝土泵必须进行间隔推动,每隔 4~5min 一次,每次进行不少于 4 个行程的正、反转推动,以防止输送管的混凝土离析或凝结。如泵机停机时间超过 45min,应将存留在导管内的混凝土排出,并加以清洗。

　　(3) 压送管路堵塞及其预防、处理。

　　1) 堵管原因。在混凝土压送过程中,输送管路由于混凝土拌和物品质不良,可泵性差;输送管路配管设计不合理;异物堵塞;混凝土泵操作方法不当等原因,常常造成管路堵塞。坍落度大,黏滞性不足,泌水多的混凝土拌和物容易产生离析,在泵压作用下,水泥浆体容易流失,而粗骨料下沉后推动困难,很容易造成输送管路的堵塞。在输送管路中混凝土流动阻力增大的部位(如 Y 形管、锥形管及弯管等部位)也极易发生堵塞。

　　向下倾斜配管时,当下倾配管下端阻压管长度不足,在使用大坍落度混凝土时,在下倾管处,混凝土会呈自由下流状态,在自流状态下混凝土易发生离析而引起输送管路的堵塞。由于对进料斗、输送管检查不严及压送过程中对骨料的管理不良,使混凝土拌和物中混入了大粒径的石块、砖块及短钢筋等而引起管路的堵塞。

　　混凝土泵操作不当,也易造成管路堵塞。操作时要注意观察混凝土泵在压送过程中的工作状态。压送困难、泵的输送压力异常及管路振动增大等现象都是堵塞的先兆,若在这种异常情况下,仍然强制高速压送,就易造成堵管。堵塞原因见表 6-5。

项目	堵塞原因
混凝土 拌和物质量	1. 坍落度不稳定； 2. 砂子用量较少； 3. 石料粒径、级配超过规定； 4. 搅拌后停留时间超过规定； 5. 砂子、石子分布不匀
泵送管道	1. 使用了弯曲半径太小的弯管； 2. 使用了锥度太大的锥形管； 3. 配管凹陷或接口未对齐； 4. 管子和管子接头漏水
操纵方法	1. 混凝土排量过大； 2. 待料或停机时间过长
混凝土泵	1. 滑阀磨损过大； 2. 活塞密封和输送缸磨损过大； 3. 液压系统调整不当，动作不协调

2) 堵管的预防。防止输送管路堵塞，除混凝土配合比设计要满足可泵性的要求，配管设计要合理。除确保混凝土的质量外，在混凝土压送时，还应采取以下预防措施：①严格控制混凝土的质量。对和易性和匀质性不符合要求的混凝土不得入泵，禁止使用已经离析或拌制后超过 90min 而未经任何处理的混凝土。②严格按操作规程的规定操作。在混凝土输送过程中，当出现压送困难、泵的输送压力升高、输送管路振动增大等现象时，混凝土泵的操作人员首先应放慢压送速度，进行正、反转往复推动，辅助人员用木锤敲击弯管、锥形管等易发生堵塞的部位，切不可强制高速压送。

3) 堵管的排除。堵管后，应迅速找出堵管部位，及时排除。首先用木锤敲击管路，敲击时声音闷响说明已堵管。待混凝土泵卸压后，即可拆卸堵塞管段，取出管内堵塞混凝土。拆管时操作者勿站在管口的正前方，避免混凝土突然喷射。然后对剩余管段进行试压送，确认再无堵管后，才可以重新接管。

重新接入管路的各管段接头扣件的螺栓先不要拧紧(安装时应加防漏垫片),应待重新开始压送混凝土,把新接管段内的空气从管段的接头处排尽后,方可把各管段接头扣件的螺丝拧紧。

第二节　喷射混凝土施工

喷射混凝土是用压缩空气喷射施工的混凝土。喷射方法有:干式喷射法、湿式喷射法、半湿喷射法及水泥裹砂喷射法等。

喷射混凝土施工时,将水泥、砂、石子及速凝剂按比例加入喷射机中,经喷射机拌匀,以一定压力送至喷嘴处加水后喷至受喷部位形成混凝土。在喷射过程中,水泥与骨料被剧烈搅拌,在高压下被反复冲击和击实,所采用的水灰比又较小(常为 0.40～0.45),因此混凝土较密实,强度也较高。同时,混凝土与岩石、砖、钢材及旧混凝土等具有很高的黏结强度,可以在黏结面上传递一定的拉应力和剪应力,与被加固材料一起承担荷载。

喷射混凝土所用水泥要求快凝、早强、保水性好,不得有受潮结块现象。多采用强度等级 32.5MPa 以上的新鲜普通水泥,并需加入速凝剂。也可再加入减水剂,以改善混凝土性能。所用骨料要求质地坚硬。石子最大粒径一般不大于20mm。砂子宜采用中、粗砂,并含有适量的粉细颗粒。喷射混凝土的配合比,装入喷射机时一般采用水泥:砂:石子＝1:(2.0～2.5):(2.0～2.5);经过回弹脱落后,混凝土实际配合比接近于 1:1.9:1.5。喷射砂浆时灰砂比可采用 1:(3～4);经回弹脱落后,所得砂浆实际灰砂比接近于 1:(2～3)。干式喷射法的混凝土加水量由操作人员凭经验进行控制,喷射正常时,水灰比常在 0.4～0.5 范围内波动。喷射混凝土强度及密实性均较高。一般 28d 抗压强度均在 20MPa以上,抗拉强度在 1.5MPa 以上,抗渗等级在 W8 以上。将适量钢纤维加入喷射混凝土内,即为钢纤维喷射混凝土。它引入了纤维混凝土的优点,进一步改善了混凝土的性能。

喷射混凝土广泛应用于薄壁结构、地下工程、边坡及基坑的加固、结构物维修、耐热工程、防护工程等。在高空或施工场所狭小的工程中,喷射混凝土更有明显的优越性。

一、喷射混凝土原材料及配合比

喷射混凝土原材料与普通混凝土基本相同,但在技术上有一些差别。

水泥。普通硅酸盐水泥,强度等级不低于 32.5MPa,以利混凝土早期强度的快速增长。

砂子一般采用中砂或中、粗混合砂,平均粒径 0.35～0.5mm。砂子过粗,容易产生回弹;过细,不仅使水泥用量增加,而且还会引起混凝土的收缩,降低强度,还会在喷射中产生大量粉尘。砂子的含水量应控制在 4%～6% 之间。含水量过低,混合料在管路中容易分离而造成堵管;含水量过高,混合料有可能在喷射罐中就已凝结,无法喷射。

石子用卵石、碎石均可作为喷射混凝土骨料。石料粒径为 5～20mm,其中大于 15mm 的颗粒应控制在 20% 以内,以减少回弹。石子的最大粒径不能超过管路直径的 1/2。石料使用前应经过筛洗。

水喷射混凝土用水与一般混凝土对水的要求相同。

为了加快喷射混凝土的凝结硬化速度,防止在喷射过程中坍落,减少回弹,增加喷射厚度,提高喷射混凝土在潮湿地段的适应能力,一般要在喷射混凝土中掺入水泥重量 2%～4% 的速凝剂。速凝剂应符合国家标准,初凝时间不大于 5min,终凝时间不大于 10min。

喷射混凝土配合比应满足强度和工艺要求。水泥用量一般为 375～400kg/m³,水泥与砂石的重量比一般为 1∶4～1∶4.5,砂率为 45%～55%,水灰比为 0.4～0.5。

水灰比的控制,主要依靠操作人员喷射时对进水量的调节,在很大程度上取决于操作人员的经验。若水灰比太小,喷射时不仅粉尘大,料流分散,回弹量大,而且喷射层上会产生干斑、砂窝等现象,影响混凝土的密实性;若水灰比过大,不但影响混凝土强度,而且还可能造成喷射层流淌、滑移,甚至大片坍塌。水灰比控制恰当时,喷射混凝土的表面呈暗灰色,有光泽,混凝土黏性好,能一团一团地黏附在喷射面上。水灰比的控制,除了提高操作人员的技术水平外,还必须维持供水压力的稳定。

二、喷射混凝土施工机具

工程中常用的喷射机有冶建 69 型双罐式喷射机和HP－Ⅲ型转体式喷射机,如图 6-11、图 6-12 所示。

双罐式喷射机的工作原理是上罐储料,下罐工作,下罐中的干拌和料通过涡轮机构带动的输料盘,均匀地把料送到出料口,再通过压气送至喷嘴,在喷嘴处穿过水环所形成的水幕与水混合后高速喷射到岩面上。转体式喷射机的工作原理是混凝土干料从料斗落到一个多孔形的旋转体中,随孔道旋转至出料口,再在压缩空气的作用下将干料送至喷嘴,与高压水混合后喷射到岩面。转体式喷射机出料量可以调整,体积小,重量轻,操作简单,且可远距离控制,但结构复杂,制造要求高。

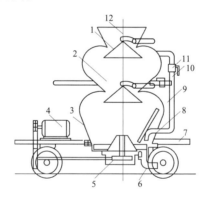

图 6-11 双罐式喷射机

1—上钟形罩;2—下钟形罩;3—输料盘;4—电机;5—蜗轮油箱;6—出料口;
7—车架;8—主风口;9—折形刮刀;10—主风阀;11—上灌进气阀;
12—橡皮垫圈

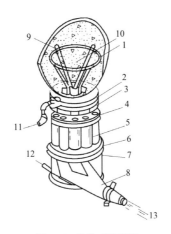

图 6-12 转体式喷射机

1—搅拌器;2—上底座;3—上接合板;4—旋转板;5—旋转;6—下接合板;
7—下底座;8—出料弯头;9—料斗;10—干拌和料;11—压缩空气进气口;
12—进风口;13—出料口

喷射混凝土施工,劳动条件差,喷枪操作劳动强度大,施工不够安全。有条件时应尽量利用机械手操作,如图 6-13 所示,它适用于大断面隧洞喷射混凝土作业。

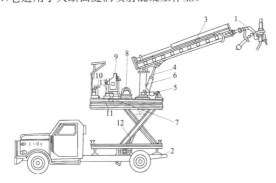

图 6-13 混凝土机械手

1—喷头装置;2—汽车;3—大臂;4—大臂俯仰油缸;5—立柱回转油缸;
6—立柱;7—冷却系统;8—动力装置;9—操作台;10—座椅;11—剪力架
平台;12—剪力架升起油缸;13—动力油路

三、喷射混凝土施工工艺

1. 施工准备

喷射混凝土前,应做好各项准备工作,内容包括:搭建工作平台、检查工作面有无欠挖、撬除危石、清洗岩面和凿毛、钢筋网安装、埋设控制喷射厚度的标记、混凝土干料准备等。

2. 喷枪操作

喷枪操作直接影响喷射混凝土的质量,应注意对以下几个方面的控制:

(1) 喷射角度。喷射角度是指喷射方向与喷射面的夹角。一般宜垂直并稍微向刚喷射的部位倾斜(约 10°),以使回弹量最小,如图 6-14(b)所示。

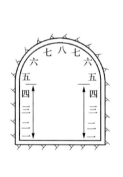

(a) 喷射分区

(b) 侧墙Ⅰ、Ⅱ区喷射顺序

(c) 顶拱Ⅲ区喷射顺序

图 6-14　喷射区划分

(2) 喷射距离。喷射距离是指喷嘴与受喷面之间的距离。其最佳距离是按混凝土回弹最小和最高强度来确定的,根据喷射试验一般为 1m 左右。

(3) 一次喷射厚度。设计喷射厚度大于 10cm 时,一般应分层进行喷射。一次喷射太厚,特别是在喷射拱顶时,往往会因自重而分层脱落;一次喷射也不可太薄,当一次喷射厚度小于最大骨料粒径时,回弹率会迅速增高。当掺有速凝剂时,墙的一次喷射厚度为 7~10cm,拱为 5~7cm;不掺速凝剂时,墙的一次喷射厚度为5~7cm,拱为3~5cm。分层喷射的层间间隔时间与水泥品种、施工温度和是否掺有速凝剂等因素有关。较合理的间歇时间为内层终凝并且有一定的强度。

(4)喷射区的划分及喷射顺序。当喷射面积较大时需要进行分段、分区喷射。一般是先墙后拱,自下而上地进行,如图6-15所示。这样可以防止溅落的灰浆黏附于未喷的岩面上,以免影响混凝土与岩面的黏结,同时可以使喷射混凝土均匀、密实、平整。

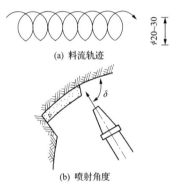

(a) 料流轨迹

(b) 喷射角度

图6-15　料流轨迹与喷射角度

施工时操作人员应使喷嘴呈螺旋形画圈,圈的直径以20~30cm为宜,以一圈压半圈的方式移动,如图6-15(a)所示。分段喷射长度以沿轴线方向2~4m较好,高度方向以每次喷射不超过1.5m为宜。

喷射混凝土的质量要求是表面平整,不出现干斑、疏松、脱空、裂隙、露筋等现象,喷射时粉尘少、回弹量小。

3. 养护

喷射混凝土单位体积水泥用量较大,凝结硬化快。为使混凝土的强度均匀增加,减少或防止不均匀收缩,必须加强养护。一般在喷射2~4h后开始洒水养护,日洒水次数以保持混凝土有足够的湿润为宜,养护时间一般不应少于14d。

第三节　水下混凝土施工

一、水下浇筑混凝土组成材料

在陆上拌制而在水下浇筑(灌注)和凝结硬化的混凝土，称为水下浇筑混凝土。水下浇筑混凝土分为普通水下浇筑混凝土和水下不分散混凝土两种。水下浇筑混凝土主要依靠混凝土自身质量流动摊平，靠混凝土自身质量及水压密实，并逐渐硬化，具有强度。因此，水下浇筑混凝土具有较大的坍落度，较好的黏聚性，便于施工并防止骨料分离。水下浇筑混凝土的强度一般为陆上正常浇筑混凝土强度的50%～90%。

根据工程的不同，水下浇筑混凝土可用开底容器法、倾注法、装袋叠层法、导管法、泵压法等施工方法进行水下浇筑施工。开底容器法适用于混凝土量少的零星工程。倾注法适用于水深小于2m的浅水区。装袋叠层法适用于整体性要求较低的抢险堵漏工程。导管(包括刚性导管和柔性导管)法和泵压法使用较为普遍，适用于不同深度的静水区及大规模水下工程浇筑。

用导管法浇筑的混凝土，其粗骨料最大粒径宜小于导管直径的1/4，拌和物坍落度宜达到150～200mm；用泵压法施工的混凝土，其粗骨料最大粒径宜小于管径的1/3，拌和物坍落度应达120～150mm。为了使拌和物具有较好的黏聚性，防止骨料分离，水下浇筑混凝土的砂率宜较大，一般为40%～47%。为了保证混凝土拌和物的黏聚性和其在水下的不分散性，掺用某些高分子水溶性酯类外加剂，可配制出水下不分散混凝土。

水下浇筑混凝土拌和物进入浇筑地点后及浇筑过程中，应尽量减少与水接触。用导管法施工时应将导管插入已浇筑混凝土30cm以上，并随着混凝土浇筑面的上升逐渐提升导管。浇筑过程宜连续进行，直至高出水面或达到所需高度为止。

二、导管法施工

在灌注桩、地下连续墙等基础工程中,常要直接在水下浇筑混凝土。其方法是利用导管输送混凝土并使之与环境水隔离,依靠管中混凝土的自重,压管口周围的混凝土在已浇筑的混凝土内部流动、扩散,以完成混凝土的浇筑工作,如图 6-16 所示。

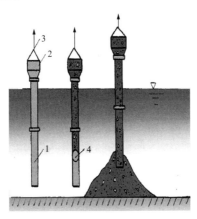

图 6-16 导管法浇筑水下混凝土示意图
1—导管;2—承料漏斗;3—提升机具;4—球塞

在施工时,先将导管放入水中(其下部距离底面约100mm),用麻绳或铅丝将球塞悬吊在导管内水位以上的0.2m(塞顶铺 2 或 3 层稍大于导管内径的水泥纸袋,再散铺一些干水泥,以防混凝土中骨料卡住球塞),然后浇入混凝土,当球塞以上导管和承料漏斗装满混凝土后,剪断球塞吊绳,混凝土靠自重推动球塞下落,冲向基底,并向四周扩散。球塞冲出导管,浮至水面,可重复使用。冲入基底的混凝土将管口包住,形成混凝土堆。同时不断地将混凝土浇入导管中,管外混凝土面不断被管内的混凝土挤压上升。随着管外混凝土面的上升,导管也逐渐提高(到一定高度,可将导管顶段拆下)。但不能提升过快,必须保证导管下端始终埋入混凝土内;其最大埋置深度不宜超过 5m。混凝土浇筑的最终高程应高于设计标高约 100mm,以便清除强度低的表层混凝土(清除应在混凝土强度达到 2～2.5N/mm² 后方可进行)。

导管由每段长度为 1.5～2.5m(脚管为 2～3m)、管径 200～300mm、厚 3～6mm 的钢管用法兰盘加止水胶垫用螺栓连接而成。承料漏斗位于导管顶端,漏斗上方装有振动设备以防混凝土在导管中阻塞。提升机具用来控制导管的提升与下降,常用的提升机具有卷扬机、电动葫芦、起重机等。球塞可用软木、橡胶、泡沫塑料等制成,其直径比导管内径小 15～20mm。

水下浇筑的混凝土必须具有较大的流动性和黏聚性以及良好的流动性保持能力,能依靠其自重和自身的流动能力来实现摊平和密实,有足够的抵抗泌水和离析的能力,以保证混凝土在堆内扩善过程中不离析,且在一定时间内其原有的流动性不降低。因此要求水下浇筑混凝土中水泥用量及砂率宜适当增加,泌水率控制在 2%～3% 之间;粗骨料粒径不得大于导管的 1/5 或钢筋间距的 1/4,并不宜超过 40mm;坍落度为 150～180mm。施工开始时采用低坍落度,正常施工则用较大的坍落度,且维持坍落度的时间不得少于 1h,以便混凝土能在一较长时间内靠其自身的流动能力实现其密实成型。

每根导管的作用半径一般不大于 3m,所浇混凝土覆盖面积不宜大于 30m²,当面积过大时,可用多根导管同时浇筑。混凝土浇筑应从最深处开始,相邻导管下口的标高差不应超过导管间距的 1/20～1/15,并保证混凝土表面均匀上升。

导管法浇筑水下混凝土的关键:一是保证混凝土的供应量应大于导管内混凝土必须保持的高度,开始浇筑时导管埋入混凝土堆内必须的埋置深度所要求的混凝土量;二是严格控制导管提升高度,且只能上下升降,不能左右移动,以避免造成管内返水事故。

三、压浆混凝土施工

压浆混凝土又称预填骨料压浆混凝土,它是将组成混凝土的粗骨料预先填入立好的模板中,尽可能振实以后,再利用灌浆泵把水泥砂浆压入,凝固而成结石。这种施工方法适用于钢筋稠密、预埋件复杂、不容易浇筑和捣固的部位,也可以用在混凝土缺陷的修补和钢筋混凝土的加固工程。洞室衬砌封拱或钢板衬砌回填混凝土时,用这种方法施工,可以明显减轻仓内作业的工作强度和干扰。

压浆混凝土的粗骨料一般宜采用多级中断级配,最大粒径尽可能采用最大值,最小一级的粒径不得小于2mm,保持适当的空隙以便压浆。砂料宜使用细砂,其细度模数最好控制在 $1.2\sim2.4$ 之间,大于 $2.5mm$ 的颗粒应予筛除。

压浆混凝土的配合比,应根据预先用试验方法求得的压浆混凝土强度与砂浆强度的关系确定,然后再根据砂浆的要求强度确定砂浆的配合比。压浆混凝土的砂浆应具有良好的和易性和相当的流动度。为改善和易性,应掺入粉煤灰等活性掺和料及减水剂等。为使砂浆在初凝前略产生膨胀,还可以掺入适量的膨胀剂。

采用压浆混凝土施工,应从工程的最下部开始,逐渐上升,而且不得间断。灌浆压力一般采用 $2\sim5$ 个大气压;砂浆的上升速度,以保持 $50\sim100cm/h$ 为宜。

压浆管在填放粗骨料时同时埋入,而且还应同时埋设观测管,以便观测施工中砂浆的上升情况。管路布置时,应尽可能缩短管道长度和减少弯角。压浆管的内径一般为 $2.5\sim3.8cm$,间距为 $1.5\sim2.0m$。砂浆的输送,可以采用柱塞式或隔膜式灰浆泵。为防止粗粒料混入,砂浆入泵口应设置5mm $\times5mm$ 筛孔的过滤筛子。

为检查压浆混凝土的质量,在达到设计龄期后,可钻取混凝土芯进行混凝土的物理力学性能试验。

压浆混凝土施工不需掺粗骨料进行搅拌,可以减少拌和量50%以上。由于粗骨料互相接触形成骨架,能减少水泥砂浆用量,因而可以使干缩减少。这种方法适宜于水下混凝土浇筑,浇筑的水泥砂浆从底部逐层向上挤,可以把水挤走,容易保证质量。用于维修工程,如果在砂浆中加入膨胀剂,可以使接触面很好黏结。存在的问题是早期强度较低,模板工程要求质量高。否则,会造成漏浆,影响质量。

四、水下不分散混凝土施工

水下不分散混凝土,就是掺入混凝土外加剂——絮凝剂后具有水下抗分散性的混凝土,它着眼于混凝土本身性质的改善,在尚未硬化的状态下即使受到水的冲刷也不分散,并能在水下形成优质、均匀的混凝土体。

1. 材料

水下不分散混凝土除絮凝剂以外,在一般的工程中可以使用与普通混凝土大致相同的材料。絮凝剂有以下几种:

UWB-1,缓凝型,适于长距离、大体积、连续浇筑及非连续浇筑的无施工缝整体工程;

UWB-2,普通型,适于一般水下工程;

UWB-3,早强型,适于对凝结、硬化有特殊要求的止水、锚固等工程;

UWB-4,双快型,用于抗洪抢险、快速修补及抢修抢建工程;

UWB-5,注浆型,用于配制稳定性水泥浆液,施工水下注浆、固结工程。

2. 混凝土搅拌

水下不分散混凝土的搅拌方式有两种,一种是将絮凝剂与水泥、骨料等同时加入进行搅拌;另一种是将絮凝剂与其他材料一起进行干拌,而后再加水搅拌。搅拌时间,根据所用搅拌机的型式及絮凝剂的种类有所不同。例如,强制搅拌机须 1~3min,可倾式搅拌机须 1~6min。

3. 运输及浇灌

由于水下不分散混凝土的黏稠性强,与普通混凝土相比,在运输及浇灌中造成材料离析及和易性等的变化较小,同时水下不分散混凝土的抗分散性较好,不易产生因骨料离析而引起的堵泵、卡管现象,因此水下浇灌混凝土,适于使用混凝土导管、混凝土泵以及开底容器浇筑。

（1）浇灌准备。在水下不分散混凝土开始浇灌之前，应检查运输、浇灌机具的类型、配套机具及其布置是否符合所制订的浇灌计划；钢筋或钢骨架等应按照设计图纸规定的位置正确布置，并且固定牢固；检查模板尺寸是否符合设计要求，模板的转角及接缝处应严密，不得跑浆；混凝土应按计划量连续浇灌，为防止万一出现故障，应留有备用机具及动力。

（2）浇灌方法。水下不分散混凝土的浇灌，应使用导管、混凝土泵或开底容器。但如果能确保所要求的混凝土质量，并且在施工时能减少对浇灌部位周围水质的污染，也可采用其他方法进行浇灌。

1）导管法：混凝土导管应不透水，并且具有能使混凝土圆滑流下的尺寸，在浇灌中应经常充满混凝土。

混凝土导管应由混凝土的装料漏斗及混凝土流下的导管构成。导管的内径，视混凝土的供给量及混凝土圆滑流下的状态而定。钢筋混凝土施工时，导管内径与钢筋的排列有关，一般为200～250mm。

导管法浇灌水下不分散混凝土应采取防反窜逆流水的措施，一般采取将导管的下端插入已浇的混凝土中。如果施工需要将导管下端从混凝土中拔出，使混凝土在水中自由落下时，应确保导管内始终充满混凝土及保证混凝土连续供料，且水中自由落差不大于500mm，并尽快将导管插入混凝土中。

2）泵送法：是指混凝土由混凝土泵直接压送至混凝土输送管进行浇灌。

在泵送混凝土之前，一般在输送管内先泵送水下不分散砂浆；在泵管内，先投入海绵球后泵送混凝土；在泵管的出口处安装活门，在输送管没入水之前，先在水上将管内充满混凝土，关上活门再沉放到既定位置。当混凝土输送中断时，为防止水的反窜，应将输送管的出口插入已浇灌的混凝土中。当浇灌面积较大时，可采用挠性软管，由潜水员水下移动浇灌。在移动时，不得扰动已浇灌的混凝土。

施工中，当转移工位及越过横梁等需移动水下泵管时，为了不使输送管内的混凝土产生过大的水中落差及防止水在管内反窜,输送管的出口端应安装特殊的活门或挡板。

3)开底容器法:浇灌时,将容器轻轻放入水下,待混凝土排出后,容器应缓缓地提高。

开底容器的大小,在不妨碍施工的范围内,宜尽量采用大容量。底的形状,以水下不分散混凝土能顺利流出为佳。一般多采用锥形底和方形或圆柱形的料罐。

(3)浇灌。水下不分散混凝土应连续浇灌。当施工过程中不得不停顿时,续浇的时间间隔不宜超过水下不分散混凝土初凝时间。

当水下混凝土表面露出水面后再用普通混凝土继续浇灌时,应将先浇灌的水下不分散混凝土表面上的残留水分除掉,并趁着该混凝土还有流动性时立即续浇普通混凝土。此时,应将普通混凝土振实。

(4)施工管理。在浇灌水下不分散混凝土时,为得到既定质量的混凝土,应对以下项目进行施工管理。

1)水下不分散混凝土的水中自由落差:混凝土在水中自由落下时,应对水中自由落差进行严格管理,水中自由落差应不大于500mm;

2)混凝土在水下的流动状态:对浇灌中的混凝土流动面的形状、混凝土的扩展状态及填充状态应进行检查;

3)混凝土的表面状态:浇灌完的混凝土上表面应平坦,并且各个角落都应浇灌到;

4)混凝土的浇灌量:混凝土应按照计划进行浇灌,在浇灌中及浇灌后须对混凝土实际浇灌量进行复查,应制定出准确的浇灌量检查办法。

(5)表面抹平。当工程需要抹平时,应待混凝土的表面自密实和自流平终止后进行。

(6)养护。养护时应采取防止水下不分散混凝土在硬化过程中受动水、波浪等冲刷造成的水泥流失,以及防止混凝土被淘空的措施。当施工部位从水下到达水上时,对于暴露于空气中的混凝土,应进行与普通混凝土相同的养护。

第四节 自密实混凝土施工

自密实混凝土是高性能混凝土的一种。它的主要性质是混凝土拌和物具有很高的流动性而不离散、不泌水,能靠自重自行填充模板内空间,且对于密集的钢筋和形体复杂的结构都具有良好的填充性,能在不经振捣(或略作插捣)的情况下,形成密实的混凝土结构,并且还具有良好的力学性能和耐久性能。自密实混凝土对解决或改善密集配筋,薄壁、复杂形体,大体积混凝土施工以及具有特殊要求、振捣困难的混凝土工程施工带来极大的方便。可避免出现由于振捣不足而造成的质量缺陷,并可消除振捣造成的噪声污染,提高混凝土施工速度。

自密实混凝土使用新型混凝土外加剂和掺入大量的活性细掺和料,通过胶结料、粗细骨料的选择与搭配的精心的配合比设计,使混凝土的屈服应力减少到适宜范围,同时又具有足够的塑性黏度,使骨料悬浮于水泥浆中,混凝土拌和物既具有高流动性,又不离析、泌水,能在自重下填充模板内空间,并形成均匀、密实的结构。

一、自密实混凝土拌和物

1. 自密实混凝土拌和物的工作性

自密实混凝土拌和物工作性包括以下四个内容:流动性、抗离析性、间隙通过性和自填充性。这和一般普通混凝土拌和物的工作性要求是不同的。其中自填充性是最终结果,其受流动性、抗离析性和间隙通过性的影响,更是间隙通过性好坏的必然结果。间隙通过性是混凝土拌和物抗堵塞的能力,受流动性、抗离析性的支配,且受混凝土外部条件(工程部位的配筋率、模板尺寸等)的影响,它是拌和物工作性的核心内容,而流动性和抗离析性是影响间隙通过性的主要因素。

对自密实混凝土拌和物工作性必须进行检测和评价,但由于其流动性很大,常规的坍落度试验的试验精度和敏感程度对其已不大适应,也无现行标准规范,并且其工作性还受工程条件、施工工艺的影响,其真正检验标准应是混凝土的实际浇筑过程,因此最好开展类工程条件的工作性试验,以"易于浇筑、密实而不离析"作为最终目标。

(1)坍落度试验。试验设备及方法与普通混凝土相同,唯一的区别在于一次装模,插捣 5 次。测试的指标有坍落度 S、坍落扩展度 D、坍落扩展速度($td50$:坍落扩展至 50cm 的时间),另外还要观察坍落扩展后的状态。

坍落度 S 和坍落扩展度 D 与屈服应力有关,反映了拌和物的变形能力和流动性。坍落扩展速度反映了拌和物的黏性,与塑性黏度相关;坍落扩展快,反映黏度小,反之,黏度大。

自密实混凝土的坍落度 S 一般应控制在 $250\sim270$mm,不大于 280mm;坍落扩展度 D 应控制在 $550\sim750$mm;坍落扩展速度 $td50$ 一般在 $2\sim8$s;坍落扩展后,粗骨料应不偏于扩展混凝土的中心部位,浆体和游离水不偏于扩展混凝土的四周。

(2)"倒坍落度筒"试验。它是利用倒置的坍落度筒测定筒内混凝土拌和物自由下落流出至排空的时间 ts,作为衡量自密实混凝土拌和物可泵性的一种方法。这种方法试验条件简单、操作简便。

自密实混凝土的"倒坍落度筒"试验的 ts 一般应控制在 $3\sim12$s。

2. 自密实混凝土的原材料

(1)骨料。粗骨料的粒形、尺寸和级配对自密实混凝土拌和物的工作性,尤其是对拌和物的间隙通过性影响很大。颗粒越接近圆形,针、片状含量越少,级配越好,比表面积就越小,空隙率就越小,混凝土拌和物的流动性和抗离析性、自密实性就好。粗骨料的最大粒径越大,混凝土拌和物流动性和间隙通过性就越差,但如果粒径过小,混凝土的强度和弹性模量将降低很多。为了保证混凝土拌和物有足够的黏聚性和抗堵塞性,以及足够的强度和弹性模量,故宜选用粒径较小(5~20mm)、空隙率小、针片状含量小(≤5%)、级配较良好的粗骨料。

为了使自密实混凝土有好的黏聚性和流动性,砂浆的含量就较大,砂率就较大,并且为了减小用水量,故细骨料宜选用细度模数大(2.7~3.2mm)的偏粗中砂,砂子的含泥量和泥块含量也应很小。

(2) 外加剂。自密实混凝土由于其流动性高,黏聚性、保塑性好,水泥浆体丰富,拌制用水量就大。为了降低胶凝材料的用量和保证混凝土具有足够的强度,就必须掺用高效的混凝土减水剂,来降低用水量和水泥用量,以获得较低的水灰比,使混凝土结构具有所需要的强度。因此高效的混凝土减水剂是配制自密实混凝土的一种关键原材料。

自密实混凝土对外加剂性能的要求是:能使混凝土拌和物具有优良的流化性能、保持流动性的性能、良好的黏聚性和泵送性、合适的凝结时间与泌水率,能提高混凝土的耐久性。因此它不是一种简单的减水剂,而是一种多功能的复合外加剂,具有减水流化、保塑、保水增黏、减少泌水离析、抑制水泥早期水化放热等多功能。

另外,根据工程的实际情况,为了增加混凝土结构的密实性和耐久性,还可掺入一定量的混凝土膨胀剂。

(3) 胶凝材料。根据自密实混凝土的性能要求,可以认为适于配制自密实混凝土的胶凝材料应具有以下特性:①和外加剂相容性好,有较低需水性,能获得低水灰比下的流动性、黏聚性、保塑性良好的浆体;②能提供足够的强度;③水化热低、水化发热速度小;④早期强度发展满足需要。由此可见,单一的水泥胶凝材料已无法满足要求,解决的途径是将水泥和活性细掺和料适当匹配复合来满足自密实混凝土对胶凝材料的需要。

水泥应选用标准稠度低、强度等级不低于 42.5MPa 的硅酸盐水泥、普通硅酸盐水泥。

活性细掺和料是配制自密实混凝土不可缺少的组分,它能够调节浆体的流动性、黏聚性和保塑性,从而调节混凝土拌和物的工作性,降低水化热和混凝土温升,增加其后期强度,改善其内部结构,提高混凝土的耐久性,并且还能抑制碱-骨料的发生。

粉煤灰是用煤粉炉发电的电厂排放出的烟道灰,由大部分直径以μm计的实心或中空玻璃微珠以及少量的莫来石、石英等结晶物质所组成。在粉煤灰的化学组成中,SiO_2 占 $40\% \sim 60\%$,Al_2O_3 占 $17\% \sim 35\%$,它们是粉煤灰活性的主要来源。当在混凝土掺入粉煤灰后,由于其独特的球形玻璃体结构能在混凝土中起"润滑"作用而改善拌和物的工作性,其次由于粉煤灰颗粒填充于水泥颗粒之间,使水泥颗粒充分"解絮"扩散,改善了拌和物的和易性,增强了黏聚性和浇筑密实性。当混凝土结构硬化后,粉煤灰中的活性 SiO_2 和 Al_2O_3 将缓慢与水泥水化反应生成的 $Ca(OH)_2$ 发生水化反应(即二次水化反应),使混凝土结构更致密,后期强度及结构耐久性也不断提高。在混凝土掺入粉煤灰后,可降低水泥的用量,使水化热的峰值降低,有利于大体积混凝土的施工和避免混凝土结构开裂。

3. 自密实混凝土的配合比设计

自密实混凝土目的是配合比各要素和硬化前后的各性能之间达到矛盾的统一。它首先要满足工作性能的需要,工作性能的关键是抗离析的能力和填充性,其次混凝土凝结硬化后,其力学性能和耐久性指标也应满足结构的工作需要。

当具有很高流动性的混凝土拌和物流动时,在拥挤和狭窄的部位,粗大的颗粒在频繁的接触中很容易成拱,阻塞流动;低黏度的砂浆在通过粗骨料的空隙时,砂子很可能被阻塞在骨料之间,只有浆体或水通过间隙。因此混凝土拌和物的堵塞行为是和离析、泌水密切相关。流变性能良好的自密实混凝土拌和物应当具备两个要素,即较小的粗骨料含量和足够黏度的砂浆。其中粗骨料体积含量是控制自密实混凝土离析的一个重要因素。具有较少粗骨料含量的拌和物对流动堵塞有较高的抵抗力,但是粗骨料含量过小又会使混凝土硬化后的弹性模量下降较多并产生较大的收缩,因此在满足工作性要求的前提下应当尽量增加粗骨料用量。一般 $1m^3$ 自密实混凝土中粗骨料的松散体积为 $0.50\sim0.55m^3$ 比较适宜。

对于砂浆来说,是由砂子和水泥浆两相组成。根据有关试验表明,砂子在砂浆中的体积含量超过 42% 以后,堵塞随砂体积含量的增加而增加;当砂体积含量超过 44% 后,堵塞的概率为 100%。因此砂浆中砂的含量不能超过 44%。当砂体积含量小于 42% 时,虽可保证不堵塞,但砂浆的收缩却会随体积的减小而增大,故砂浆中砂的体积含量也不应小于 42%。

二、免振自密实混凝土的搅拌和运输

1. 搅拌要点

(1) 搅拌时每盘计量允许偏差不超过 2%。

(2) 准确控制拌和用水量,仔细测定砂石中的含水率,每工作班测 2 次。

(3) 投料顺序:投入粗骨料→细骨料→喷淋加水 W_1 →水泥→掺和料→剩余水 W_2。搅拌 $30s$ 后加入高效减水剂,搅拌 $90s$ 后出料。

2. 运输要点

(1) 罐车装入混凝土前应仔细检查并排除车内残存的刷车水。

(2) 自密实混凝土的运送及卸料时间控制在 $2h$ 以内,以保证自密实混凝土的高流动性。

三、自密实混凝土的浇筑和养护

1. 浇筑

(1) 检查模板拼缝不得有大于 $1.5mm$ 的缝隙。

(2) 泵管使用前用水冲净,并用同配比减石砂浆冲润泵管,以利于垂直运输。

(3) 卸料前罐车高速旋罐 $90s$ 左右,再卸入混凝土输送泵,由于触变作用可使混凝土处于最佳工作状态,有利于混凝土自密实成型。

(4) 保持连续泵送,必要时降低泵送速度。

自密实混凝土浇筑时应控制好浇筑速度，不能过快。要防止过量空气的卷入或混凝土供应不足而中断浇筑。因为随着浇筑速度的增加，免振自密实混凝土比一般混凝土输送阻力的增加明显增大，且呈非线性增长，故为保证混凝土质量，浇筑时应保持缓而连续的浇筑。施工前要注意制定好混凝土浇筑及泵送配管计划。

（5）自密实混凝土浇筑时，尽量减少泵送过程对混凝土高流动性的影响，使其和易性能不变。

（6）浇筑过程中设置专门的专业技术人员在施工现场值班，确保混凝土质量均匀稳定，发现问题及时调整。

（7）浇筑时在浇筑范围内尽可能减少浇筑分层（分层厚度取为 1m），使混凝土的重力作用得以充分发挥，并尽量不破坏混凝土的整体黏聚性。

（8）使用钢筋插棍进行插捣，并用锤子敲击模板，起到辅助流动和辅助密实的作用。

（9）自密实混凝土浇筑至设计高度后可停止浇筑，20min 后再检查混凝土标高，如标高略低再进行复筑，以保证达到设计要求。

2. 养护

（1）自密实混凝土浇筑完毕后，梁面采用无纺布进行覆盖，柱面采用双层塑料布包裹，以防止水分散失，终凝后立即洒水养护，不间断保持湿润状态。

（2）养护时间不少于 14d，混凝土表面与内部温差小于 25℃。

第五节　埋石及堆石混凝土施工

一、埋石混凝土施工

混凝土施工中，为节约水泥，降低混凝土的水化热，常埋设大量块石。埋设块石的混凝土即称为埋石混凝土。

埋石混凝土对埋放块石的质量要求是：石料无风化现象和裂隙，完整，形状方正，并经冲洗干净风干。块石大小不宜小于 300～400mm。

埋石混凝土的埋石方法采用单个埋设法,即先铺一层混凝土,然后将块石均匀地摆上,块石与块石之间必须有一定距离。

(1) 先埋后振法即铺填混凝土后,先将块石摆好,然后将振捣器插入混凝土内振捣。先埋后振法的块石间距不得小于混凝土粗骨料最大粒径的两倍。由于施工中有时块石供应赶不上混凝土的浇筑,特别是人工抬石入仓更难与混凝土铺设取得有节奏的配合,因此先埋后振法容易使混凝土放置时间过长,失去塑性,造成混凝土振动不良,块石未能很好地沉放混凝土内等质量事故。

(2) 先振后埋法即铺好混凝土后即进行振捣,然后再摆块石。这样人工抬石比较省力,块石间的间距可以大大缩短,只要彼此不靠即可。块石摆好后再进行第二次的混凝土的铺填和振捣。

从埋石混凝土施工质量来看,先埋后振比先振后埋法要好,因为,块石是借振动作用挤压到混凝土内去的。为保证质量,应尽可能不采用先振后埋法。

埋石混凝土块石表面凸凹不平,振捣时低凹处水分难于排出,形成块石表面水分过多;水泥砂浆泌出的水分往往集中于块石底部;混凝土本身的分离,粗骨料下降,水分上升,形成上部松散层;埋石延长了混凝土的停置时间,使它失去塑性,以致难于捣实。这些原因会造成块石与混凝土的胶结强度难以完全得到保证,容易造成渗漏事故。因此迎水面附近 1.5m 内,应用普通防渗混凝土,不埋块石;基础附近 1.0m内,廊道、大孔洞周围 1.0m 内,模板附近 0.3m 内,钢筋和止水片附近 0.15m 内,都要采用普通混凝土,不埋块石。

二、堆石混凝土施工

堆石混凝土(Rock Filled Concrete,RFC),是利用自密实混凝土(SCC)的高流动、抗分离性能好以及自流动的特点,在粒径较大的块石(在实际工程中可采用块石粒径在 300mm以上)内随机充填自密实混凝土而形成的混凝土堆石体。它具有水泥用量少、水化温升小、综合成本低、施工速度快、良好的体积稳定性、层间抗剪能力强等优点,在迄今进行的筑坝试验中已取得了初步的成果。

堆石混凝土在大体积混凝土工程中具有广阔的应用前景,目前主要用于堆石混凝土大坝施工。

1. 堆石混凝土浇筑仓面处理

基岩面要求:清除松动块石、杂物、泥土等,冲洗干净且无积水。对于从建基面开始浇筑的堆石混凝土,宜采用抛石型堆石混凝土施工方法。

仓面控制标准:自密实混凝土浇筑宜以大量块石高出浇筑面 50～150mm 为限,加强层面结合。

无防渗要求部位:清洗干净无杂物,可简单拉毛处理。

有防渗要求部位:需凿毛处理。无杂物,无乳皮成毛面,表面清洗干净无积水。

2. 入仓堆石要求

(1) 堆石混凝土所用的堆石材料应是新鲜、完整、质地坚硬、不得有剥落层和裂纹。堆石料粒径不宜小于 300mm,不宜超过 1.0m,当采用 150～300mm 粒径的堆石料时应进行论证;堆石料最大粒径不应超过结构断面最小边长的 1/4、厚度的 1/2。

(2) 堆石材料按照饱和抗压强度划分为 6 级,即不小于 80MPa、70MPa、60MPa、50MPa 和 40MPa。其饱和抗压强度采用直径 50mm、高度 100mm 或长宽高为 50mm×50mm×100mm 岩石试件的饱和极限抗压强度确定。

(3) 堆石料含泥量、泥块含量应符合表 6-6 的指标要求。

表 6-6　　　　　　　　堆石料指标要求

项目	含泥量	泥块含量
指标	≤0.5%	不允许

(4) 码砌块石时,对入仓块石进行选择性摆放,并保证外侧块石与外侧模板之间空隙在 5～8cm 为宜。

3. 混凝土拌制

自密实混凝土(SCC)一般采用硅酸盐水泥、普通硅酸盐水泥配制,其混凝土和易性、匀质性好,混凝土硬化时间短。一般水泥用量为 $350 \sim 450 kg/m^3$。一般掺用粉煤灰。选用高效减水剂或高性能减水剂,可使商品混凝土获得适宜的黏度、良好的黏聚性、流动性、保塑性。

自密实混凝土宜使用强制式拌和机,当采用其他类型的搅拌设备时,应根据需要适当延长搅拌时间。

4. 混凝土浇筑

混凝土采用混凝土输送泵输送至仓面,对仓面较长的情况,按照 $3 \sim 4m$ 方块内至少设置一个下料点。为防止浇筑高度不一致对模板产生影响,必须保证平衡浇筑上升,并保证供料强度,以免下一铺料层在未初凝的情况下及时覆盖。

自密实混凝土平衡浇筑至表面出现外溢,块石满足 80% 左右尖角出露 5cm 以上为宜,以便下一仓面与之结合良好。

5. 混凝土养护

堆石混凝土浇筑完成 72h 后,模板方可拆除。采用清水进行喷雾养护,对低温天气,采用保温被覆盖养护,其养护时间不得低于 28d。

第六节 混凝土真空作业

混凝土的真空作业,就是在混凝土浇筑振捣完毕而尚未凝固之前,采用真空方法产生负压,并作用在混凝土拌和物上,将其中多余的水分抽出来,减少水灰比,提高混凝土强度,同时使混凝土密实。混凝土的真空作业可提高混凝土的密实性、抗冲耐磨性、抗冻性,以及增大强度,减少表面缩裂。

一、真空作业系统

真空作业系统包括:真空泵机组、真空罐、集水罐、连接器、真空盘等,如图 6-17 所示。

真空盘(即真空模板)用于水平的混凝土浇筑面,它的表面有一层滤布,下有细眼和粗眼的铁丝网各一层。这些粗、

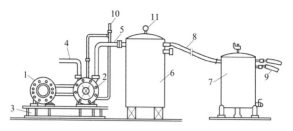

图 6-17　真空作业系统

1—电机；2—真空泵；3—基础支架；4—排水管；5—吸水管；6—真空罐；
7—集水罐；8—橡皮吸入总管；9—橡皮吸入管；10—给水管；11—真空计

细丝网都钉在真空盘的边框上。盘的背面有一个吸水管嘴，控制约 $1m^2$ 的抽水面积。模板的板缝及正面的四周都用沥青和橡皮条密封，使其不漏气。

真空模板用于垂直或倾斜的混凝土表面，除了具有较多的吸水管嘴外，其他构造与真空盘完全相同，只要架立固定起来即可。

二、真空吸水施工

1. 混凝土拌和物

采用真空吸水的混凝土拌和物，按设计配合比适当增大用水量，水灰比可为 0.48～0.55，其他材料维持原设计不变。

2. 作业面准备

按常规方法将混凝土振捣密实，抹平。因真空作业后混凝土面有沉降，此时混凝土应比设计高度略高 5～10mm，具体数据由试验确定。然后在过滤布上涂上一层石灰浆或其他防止黏结的材料，以防过滤布与混凝土黏结。

3. 真空作业

混凝土振捣抹平后 15min，应开始真空作业。开机后真空度应逐渐增加，当达到要求的真空度（500～600mmHg，67～80kPa），开始正常出水后，真空度保持均匀。结束吸水工作前，真空度应逐渐减弱，防止在混凝土内部留下出水通路，影响混凝土的密实度。

真空吸水时间（min）宜为作业厚度（cm）的 1～1.5 倍，并以剩余水灰比来检验真空吸水效果(见表 6-7)。真空作业深度不宜超过 30cm。

表 6-7　　　　真空作业所需时间参考表

混凝土层厚/cm	吸真空所需时间/min
<5	3.75
6～10	4.75～8.50
11～15	10～16
16～20	18～26
21～25	28.5～38.5

注:1. 适用于普通硅酸盐水泥配制的混凝土。

2. 模板、吸盘真空腔真空度为 500mmHg(约 67kPa)高度。

从经济角度考虑,真空度以 450～600mm 汞柱为宜。真空作业虽然只是把表层混凝土的水分吸出,但在建筑物中,如坝的迎水面、溢流面、护垣、消力池及陡坡等部位,表层混凝土的抗渗、抗冻、抗磨性能的提高,可以大大提高整个建筑物的耐久性能。如果抽水后的混凝土尚未开始初凝,可进行第二次振捣,这样还将更进一步提高混凝土的密实性。

真空吸水作业完成后要进一步对混凝土表面研压抹光,保证表面的平整。

在气温低于 8℃的条件下进行真空作业时,应注意防止真空系统内水分冻结。真空系统各部位应采取防冻措施。

每次真空作业完毕,模板、吸盘、真空系统和管道应清洗干净。

第七节　高性能混凝土施工

高性能混凝土是指具有好的工作性、早期强度高而后期强度不倒缩、韧性好、体积稳定性好、在恶劣的使用环境条件下寿命长和匀质性好的混凝土。

高性能混凝土一般既是高强混凝土(C60～C100),也是流态混凝土(坍落度大于 200mm)。因为高强混凝土强度高、耐久性好、变形小;流态混凝土具有大的流动性、混凝土拌和物不离析、施工方便。高性能混凝土也可以是满足某些特殊性能要求的匀质性混凝土。

要求混凝土高强,就必须胶凝材料本身高强;胶凝材料结石与骨料结合力强;骨料本身强度高、级配好、最大粒径适当。因此,配制高性能混凝土的水泥一般选用 R 型硅酸盐水泥或普通硅酸盐水泥,强度等级不低 42.5MPa。混凝土中掺入超细矿物质材料(如硅粉、超细矿渣或优质粉煤灰等)以增强水泥石与骨料界面的结合力。配制高性能混凝土的细骨料宜采用颗粒级配良好、细度模数大于 2.6 的中砂。砂中含泥量不应大于 1.0%,且不含泥块。粗骨料应为清洁、质地坚硬、强度高,最大粒径不大于 31.5mm 的碎石或卵石。其颗粒形状应尽量接近立方体形或圆形。使用前应进行仔细清洗以排除泥土及有害杂质。

为达到混凝土拌和物流动性要求,必须在混凝土拌和物中掺高效减水剂(或称超塑化剂、流化剂)。常用的高效减水剂有:三聚氰胺硫酸盐甲醛缩合物、萘磺酸盐甲醛缩合物和改性木质素磺酸盐等。高效减水剂的品种及掺量的选择,除与要求的减水率大小有关外,还与减水剂和胶凝材料的适应性有关。高效减水剂的选择及掺入技术是决定高性能混凝土各项性能关键之一,需经试验研究确定。

高性能混凝土中也可以掺入某些纤维材料以提高其韧性。

高性能混凝土是水泥混凝土的发展方向之一。它将广泛地被用于桥梁工程、高层建筑、工业厂房结构、港口及海洋工程、水工结构等工程中。

一、高性能混凝土原材料

1. 细骨料

细骨料宜选用质地坚硬、洁净、级配良好的天然中、粗河砂,其质量要求应符合普通混凝土用砂石标准中的规定。砂的粗细程度对混凝土强度有明显的影响,一般情况下,砂子越粗,混凝土的强度越高。配制 C50~C80 的混凝土用砂宜选用细度模数大于 2.3 的中砂,对于 C80~C100 的混凝土用砂宜选用细度模数大于 2.6 的中砂或粗砂。

2. 粗骨料

高性能混凝土必须选用强度高、吸水率低、级配良好的粗骨料。宜选择表面粗糙、外形有棱角、针片状含量低的硬质砂岩、石灰岩、花岗岩、玄武岩碎石,级配符合规范要求。由于高性能混凝土要求强度较高,就必须使粗骨料具有足够高的强度,一般粗骨料强度应为混凝土强度的 115~210 倍或控制压碎指标值大于 10%。最大粒径不应大于 25mm,以 10~20mm 为佳,这是因为,较小粒径的粗骨料,其内部产生缺陷的概率减小,与砂浆的黏结面积增大,且界面受力较均匀。另外,粗骨料还应注意骨料的粒型、级配和岩石种类,一般采取连续级配,其中尤以级配良好、表面粗糙的石灰岩碎石为最好。粗骨料的线膨胀系数要尽可能小,这样能大大减小温度应力,从而提高混凝土的体积稳定性。

3. 细掺和料

配制高性能混凝土时,掺入活性细掺和料可以使水泥浆的流动性大为改善,空隙得到充分填充,使硬化后的水泥石强度有所提高。更重要的是,加入活性细掺和料改善了混凝土中水泥石与骨料的界面结构,使混凝土的强度、抗渗性与耐久性均得到提高。活性细掺和料是高性能混凝土必用的组成材料。在高性能混凝土中常用的活性细掺和料有硅粉(SF)、磨细矿渣粉(BFS)、粉煤灰(FA)、天然沸石粉(NZ)等。粉煤灰能有效提高混凝土的抗渗性,显著改善混凝土拌和物的工作性。配制高性能混凝土的粉煤灰宜用含碳量低、细度低、需水量低的优质粉煤灰。

4. 减水剂及缓凝剂

由于高性能混凝土具有较高的强度,且一般混凝土拌和物的坍落度较大(15~20cm),在低水胶比(一般小于 0.35)一般的情况下,要使混凝土具有较大的坍落度,就必须使用高效减水剂,且其减水率宜在 20% 以上。有时为减少混凝土坍落度的损失,在减水剂内还宜掺有缓凝的成分。此外,由于高性能混凝土水胶比低,水泥颗粒间距小,能进入溶液的离子数量也少,因此减水剂对水泥的适应性表现更为敏感。

二、高性能混凝土施工

1. 搅拌

混凝土原材料应严格按照施工配合比要求进行准确称量,称量最大允许偏差应符合下列规定(按重量计):胶凝材料(水泥、掺和料等)±1%,外加剂±1%,骨料±2%,拌和用水±1%。应采用卧轴式、行星式或逆流式强制搅拌机搅拌混凝土,采用电子计量系统计量原材料。搅拌时间不宜少于2min,也不宜超过3min。炎热季节或寒冷季节搅拌混凝土时,必须采用有效措施控制原材料温度,以保证混凝土的入模温度满足规定。

2. 运输

应采取有效措施,保证混凝土在运输过程中保持均匀性及各项工作性能指标不发生明显波动。应对运输设备采取保温隔热措施,防止局部混凝土温度升高(夏季)或受冻(冬季)。应采取适当措施防止水分进入运输容器或蒸发。

3. 浇筑

(1) 混凝土入模前,应采用专用设备测定混凝土的温度、坍落度、含气量、水胶比及泌水率等工作性能;只有拌和物性能符合设计或配合比要求的混凝土方可入模浇筑。混凝土的入模温度一般宜控制在5~30℃。

(2) 混凝土浇筑时的自由倾落高度不得大于2m。当大于2m时,应采用滑槽、串筒、漏斗等器具辅助输送混凝土,保证混凝土不出现分层离析现象。

(3) 混凝土的浇筑应采用分层连续推移的方式进行,间隙时间不得超过90min,不得随意留置施工缝。

(4) 新浇混凝土与邻接的已硬化混凝土或岩土介质间浇筑时的温差不得大于15℃。

4. 振捣

可采用插入式振动棒、附着式平板振捣器、表面平板振捣器等振捣设备振捣混凝土。振捣时应避免碰撞模板、钢筋及预埋件。采用插入式振捣器振捣混凝土时,宜采用垂直点振方式振捣。每点的振捣时间以表面泛浆或不冒大气泡为准,一般不宜超过 30s,避免过振。若需变换振捣棒在混凝土拌和物中的水平位置,应首先竖向缓慢将振捣棒拔出,然后再将振捣棒移至新的位置,不得将振捣棒放在拌和物内平拖。

5. 养护

高性能混凝土早期强度增长较快,一般 3d 达到设计强度的 60%,7d 达到设计强度的 80%,因而混凝土早期养护特别重要。通常在混凝土浇筑完毕后采取以带模养护为主,浇水养护为辅,使混凝土表面保持湿润。养护时间不少于 14d。

6. 质量检验控制

除施工前严格进行原材料质量检查外,在混凝土施工过程中,还应对混凝土的以下指标进行检查控制:①混凝土拌和物:水胶比、坍落度、含气量、入模温度、泌水率、匀质性。②硬化混凝土:标准养护试件抗压强度、同条件养护试件抗压强度、抗渗性等。

第八节　纤维混凝土施工

纤维混凝土是以混凝土为基材,外掺各种纤维材料而成的水泥基复合材料。纤维一般可分为两类:一类为高弹性模量的纤维,包括玻璃纤维、钢纤维和碳纤维等;另一类为低弹性模量的纤维,如尼龙、聚丙烯、人造丝以及植物纤维等。目前,实际工程中使用的纤维混凝土有:钢纤维混凝土、玻璃纤维混凝土、聚丙烯纤维混凝土及石棉水泥制品等。

1. 钢纤维混凝土

普通钢纤维混凝土,主要用低碳钢纤维;耐热钢纤维混凝土等则用不锈钢纤维。

钢纤维的外形有长直圆截面、扁平截面两端带弯钩、两端断面较大的哑铃形及方截面螺旋形等多种。长直形圆截面钢纤维的直径一般为 0.25~0.75mm,长度为 20~60mm。

扁平截面两端有钩的钢纤维,厚为 0.15～0.40mm,宽为 0.5～0.9mm,长度也是 20～60mm。钢纤维掺量以体积率表示,一般为 0.5%～2.0%。

钢纤维混凝土物理力学性能显著优于素混凝土。如适当纤维掺量的钢纤维混凝土抗压强度可提高 15%～25%,抗拉强度可提高 30%～50%,抗弯强度可提高 50%～100%,韧性可提高 10～50 倍,抗冲击强度可提高 2～9 倍。耐磨性、耐疲劳性等也有明显增加。

钢纤维混凝土广泛应用于道路工程、机场地坪及跑道、防爆及防振结构,以及要求抗裂、抗冲刷和抗气蚀的水利工程、地下洞室的衬砌、建筑物的维修等。施工方法除普通的浇筑法外,还可用泵送灌注法、喷射法及作预制构件。

2. 聚丙烯纤维混凝土及碳纤维增强混凝土

聚丙烯纤维(也称丙纶纤维),可单丝或以捻丝形状掺于水泥混凝土中,纤维长度 10～100mm 者较好,通常掺入量为 0.40%～0.45%(体积比)。聚丙烯纤维的价格便宜,但其弹性模量仅为普通混凝土的 1/4,对混凝土增强效果并不显著,但可显著提高混凝土的抗冲击能力和疲劳强度。

碳纤维是由石油沥青或合成高分子材料经氧化、碳化等工艺生产出的。碳纤维属高强度、高弹性模量的纤维,作为一种新材料广泛应用于国防、航天、造船、机械工业等尖端工程。碳纤维增强水泥混凝土具有高强、高抗裂、高抗冲击韧性、高耐磨等多种优越性能。

3. 玻璃纤维混凝土

普通玻璃纤维易受水泥中碱性物质的腐蚀,不能用于配制玻璃纤维混凝土。因此,玻璃纤维混凝土是采用抗碱玻璃纤维和低碱水泥配制而成的。

抗碱玻璃纤维是由含一定量氧化铝的玻璃制成的。国产抗碱玻璃纤维有无捻粗纱和网格布两种型式。无捻粗纱可切割成任意长度的短纤维单丝,其直径为 0.012～0.014mm,掺入纤维体积率为 2%～5%。把它与水泥浆等拌和后可浇筑成混凝土构件,也可用喷射法成型;网格布可用铺网喷浆法施工,纤维体积率为 2%～3%。

水泥应采用碱度低、水泥石结构致密的硫铝酸盐水泥。

玻璃纤维混凝土的抗冲击性、耐热性、抗裂性等都十分优越。但长期耐久性有待进一步考查。故现阶段主要用于非承重结构或次要承重结构,如屋面瓦、天花板、下水道管、渡槽、粮仓等。

4. 石棉水泥制品

石棉水泥材料是以温石棉加入水泥浆中,经辊碾加压成型、蒸汽养护硬化后制成的人造石材。

石棉具有纤维结构,耐碱性强,耐酸性弱,抗拉强度高。石棉在制品中起类似钢筋的加固作用,提高了制品的抗拉和抗弯强度。硬化后的水泥制品具有较高的弹性、较小的透水性,以及耐热性好、抗腐蚀性好、导热系数小及导电性小等优点。主要制品有:屋面制品(各种石棉瓦)、墙壁制品(加压平板、大型波板)、管材(压力管、通风管等)及电气绝缘板等。

第九节　清水混凝土施工

清水混凝土按其表面的装饰效果分为三类:普通清水混凝土、饰面清水混凝土、装饰清水混凝土。普通清水混凝土系指混凝土表面颜色基本一致,对饰面效果无特殊要求的混凝土工程;饰面清水混凝土系指以混凝土本身的自然质感和有规律的对拉螺栓孔眼、明缝、蝉缝组合形成的自然状态作为饰面效果的混凝土工程;装饰清水混凝土系指混凝土表面形成装饰图案、镶嵌装饰物或彩色的清水混凝土工程。

一、混凝土要求

清水混凝土原材料除符合现行国家标准《混凝土结构工程施工质量验收规范》(GB 50204—2015)等的规定外,还应符合以下规定:

(1)混凝土的原材料应有足够的存储量,同一视觉范围的混凝土原材料的颜色和技术参数宜一致。

(2)宜选用强度不低于 42.5 等级的硅酸盐水泥、普通硅酸盐水泥。同一工程的水泥宜为同一厂家、同一品种、同一强度等级。

（3）粗骨料应连续级配良好，颜色均匀、洁净，含泥量小于 1%，泥块含量小于 0.5%，针片状颗粒不大于 15%。

（4）细骨料应选择连续级配良好的河砂或人工砂，细度模数应大于 2.6(中砂)，含泥量不应大于 1.5%，泥块含量不大于 1.0%。

（5）掺和料应对混凝土及钢材无害，拌和物的和易性好，同一工程所用的掺和料应来自同一厂家、同一品种。粉煤灰宜选用Ⅰ级。

（6）对室外部位或室内易受潮部位的混凝土，骨料宜选用非碱活性骨料。

二、清水混凝土拌和物的制备

清水混凝土应强制搅拌，每次搅拌时间宜比普通混凝土延长 20～30s。同一视觉范围内所用混凝土拌和物的制备环境、参数应一致。制备成的混凝土拌和物应工作性能稳定，无离析泌水现象，90min 的坍落度经时损失应小于 30%。混凝土拌和物入泵坍落度值：柱混凝土宜为(150±10)mm，墙、梁、板的混凝土宜为(170±10)mm。

三、混凝土运输

混凝土拌和物的运输宜采用专用运输车，装料前容器内应清洁、无积水。

混凝土拌和物从搅拌结束到混凝土入模前不宜超过 120min，严禁添加配合比以外用水或外加剂。

到场混凝土应逐车检查坍落度，不得有分层、离析等现象。

四、混凝土浇筑

混凝土拌和物的运输宜采用专用运输车，装料前容器内应清洁、无积水。

浇筑前应先清理模板内垃圾和模板内侧的灰浆，保持模板内清洁、无积水。

竖向构件浇筑时，应严格控制分层浇筑的间隔时间和浇筑方法。分层厚度不宜超过 500mm。应在根部浇筑 50mm 厚与混凝土强度同配合比减石子水泥砂浆。自由下料高度应控制在 2m 以内。同一柱子宜用同一罐车的混凝土。

门窗洞口的混凝土浇筑,宜从洞口两侧同时浇筑。

混凝土振捣时,振捣棒插入下层混凝土表面的距离应大于 50mm。要求振捣均匀,严禁漏振、过振、欠振。

五、混凝土养护

混凝土拆模后应立即养护,对同一视觉范围内的混凝土应采用相同的养护措施。不得采用对混凝土表面有污染的养护材料和养护剂。

六、施工缝

施工缝的处理应满足清水混凝土的饰面效果和结构要求,饰面效果应与相邻部位一致。

第七章

混凝土施工安全技术

第一节　施工准备阶段安全技术

一、安全生产的准备工作

混凝土的施工准备工作,主要是模板、钢筋检查、材料、机具、运输道路准备。安全生产准备工作主要是对各种安全设施认真检查,是否安全可靠及有无隐患,尤其是对模板支撑、脚手架、操作台、架设运输道路及指挥、信号联络等。对于重要的施工部件其安全要求应详细交底。

二、施工缝处理安全技术

(1)冲毛、凿毛前应检查所有工具是否可靠。

(2)多人同在一个工作面内操作时,应避免面对面近距离操作,以防飞石、工具伤人。严禁在同一工作面上下层同时操作。

(3)使用风钻、风镐凿毛时,必须遵守风钻、风镐安全技术操作规程。在高处操作时应用绳子将风钻、风镐拴住,并挂在牢固的地方。

(4)检查风砂枪枪嘴时,应先将风阀关闭,并不得面对枪嘴,也不得将枪嘴指向他人。使用砂罐时须遵守压力容器安全技术规程。当砂罐与风砂枪距离较远时,中间应有专人联系。

(5)用高压水冲毛,必须在混凝土终凝后进行。风、水管须装设控制阀,接头应用铅丝扎牢。使用冲毛机操作时,还应穿戴好防护面罩、绝缘手套和长筒胶靴。冲毛时要防止泥水冲到电气设备或电力线路上。工作面的电线灯应悬挂在不妨碍冲毛的安全高度。

(6)仓面冲洗时应选择安全部位排渣,以免冲洗时石渣落下伤人。

第二节 施工阶段安全技术

一、混凝土拌和

(1)机械操作人员必须经过安全技术培训,经考试合格,持有"安全作业证"者,才准独立操作。

(2)搅拌站内必须按规定设置良好的通风与防尘设备,空气中的粉尘含量不超过国家规定的标准。拌和站的机房、平台、梯道、栏杆必须牢固可靠。

(3)安装机械的地基应平整夯实,用支架或支脚架稳,不准以轮胎代替支撑。机械安装要平稳、牢固。对外露的齿轮、链轮、皮带轮等转动部位应设防护装置。

(4)开机前,应检查电气设备的绝缘和接地是否良好,检查离合器、制动器、钢丝绳、倾倒机构是否完好。搅拌筒应用清水冲洗干净,不得有异物。

(5)启动后应注意搅拌筒转向与搅拌筒上标示的箭头方向一致。待机械运转正常后再加料搅拌。若遇中途停机、停电时,应立即将料卸出,不允许中途停机后重载启动。

(6)搅拌机的加料斗升起时,严禁任何人在料斗下通过或停留,不准用脚踩或用铁锹、木棒往下拨、刮搅拌筒口,工具不能碰撞搅拌机,更不能在转动时,把工具伸进料斗里扒浆。工作完毕后应将料斗锁好,并检查一切保护装置。

(7)未经允许,禁止拉闸、合闸和进行不合规定的电气维修。现场检修时,应固定好料斗,切断电源。进入搅拌筒内工作时,外面应有人监护。

(8)操纵皮带机时,必须正确使用防护用品,禁止一切人员在皮带机上行走和跨越;机械发生故障时应立即停车检修,不得带病运行。

(9)搅拌机作业中,如发生故障不能继续运转时,应立即切断电源、将筒内的混凝土清理干净,然后进行检修。

二、混凝土运输

1. 自卸汽车运输混凝土的安全技术措施

(1)装卸混凝土应有统一的联系和指挥信号。

(2)自卸汽车向坑洼地点卸混凝土时,必须使后轮与坑边保持适当的安全距离,防止塌方翻车。

(3)卸完混凝土后,自卸装置应立即复原,不得边走边落。

2. 吊罐吊送混凝土的安全技术措施

(1)使用吊罐前,应对钢丝绳、平衡梁、吊锤(立罐)、吊耳(卧罐)、吊环等起重部件进行检查,如有破损则禁止使用。

(2)吊罐的起吊、提升、转向、下降和就位,必须听从指挥。指挥信号必须明确、准确。

(3)起吊前,指挥人员应得到两侧挂罐人员的明确信号,才能指挥起吊;起吊时应慢速,并应吊离地面30～50cm时进行检查,确认稳妥可靠后,方可继续提升或转向。

(4)吊罐吊至仓面,下落到一定高度时,应减慢下降、转向及吊机行车速度,并避免紧急刹车,以免晃荡撞击人体。要慎防吊罐撞击模板、支撑、拉条和预埋件等。

(5)吊罐卸完混凝土后应将斗门关好,并将吊罐外部附着的骨料、砂浆等清除后,方可吊离。放回平板车时,应缓慢下降,对准并放置平稳后方可摘钩。

(6) 吊罐正下方严禁站人。吊罐在空间摇晃时,严禁扶拉。吊罐在仓面就位时,不得硬拉。

(7) 当混凝土在吊罐内初凝,不能用于浇筑,采用翻罐处理废料时,应采取可靠的安全措施,并有带班人在场监护,以防发生意外。

(8) 吊罐装运混凝土时严禁混凝土超出罐顶,以防坍落伤人。

(9) 经常检查维修吊罐。立罐门的托辊轴承、卧罐的齿轮,要经常检查紧固,防止松脱坠落伤人。

3. 混凝土泵作业的安全技术措施

(1) 混凝土泵送设备的放置,距离基坑不得小于 2cm,悬臂动作范围内,禁止有任何障碍物和输电线路。

(2) 管道敷设线路应接近直线,少弯曲,管道的支撑与固定,必须紧固可靠;管道的接头应密封,Y 形管道应装接锥形管。

(3) 禁止垂直管道直接接在泵的输出口上,应在架设之前安装不小于 10m 的水平管,在水平管近泵处应装逆止阀,敷设向下倾斜的管道,下端应接一段水平管,否则,应采用弯管等,如倾斜大于 7℃时,应在坡度上端装置排气活塞。

(4) 风力大于 6 级时,不得使用混凝土输送悬臂。

(5) 混凝土泵送设备的停车制动和锁紧制动应同时使用,水箱应储满水,料斗内不得有杂物,各润滑点应润滑正常。

(6) 操作时,操纵开关、调整手柄、手轮、控制杆、旋塞等均应放在正确位置,液压系统应无泄漏。

(7) 作业前,必须按要求配制水泥砂浆润滑管道,无关人员应离开管道。

(8) 支腿未支牢前,不得启动悬臂;悬臂伸出时,应按顺序进行,严禁用悬臂起吊和拖拉物件。

(9) 悬臂在全伸出状态时,严禁移动车身;作业中需要移动时,应将上段悬臂折叠固定;前段的软管应用安全绳系牢。

(10) 泵送系统工作时,不得打开任何输送管道的液压管道,液压系统的安全阀不得任意调整。

(11) 用压缩空气冲洗管道时,管道出口 10m 内不得站人,并应用金属网拦截冲出物,禁止用压缩空气冲洗悬臂配管。

三、混凝土平仓振捣

(1) 浇筑混凝土前应全面检查仓内排架、支撑、模板及平台、漏斗、溜筒等是否安全可靠。

(2) 仓内脚手架、支撑、钢筋、拉条、预埋件等不得随意拆除、撬动。如须拆除、撬动时,应征得施工负责人的同意。

(3) 平台上所预留的下料孔,不用时应封盖。平台除出入口外,四周均应设置栏杆和挡板。

(4) 仓内人员上下设置靠梯,严禁从模板或钢筋网上攀登。

(5) 吊罐卸料时,仓内人员应注意躲开,不得在吊罐正下方停留或操作。

(6) 平仓振捣过程中,要经常观察模板、支撑、拉筋等是否变形。如发现变形有倒塌危险时,应立即停止工作,并及时报告。操作时,不得碰撞、触及模板、拉条、钢筋和预埋件。不得将运转中的振捣器放在模板或脚手架上。仓内人员要思想集中,互相关照。浇筑高仓位时,要防止工具和混凝土骨料掉落仓外,更不允许将大石块抛向仓外,以免伤人。

(7) 电动式振捣器须有触电保安器或接地装置,搬移振捣器或中断工作时,必须切断电源。湿手不得接触振捣器的电源开关。振捣器的电缆不得破皮漏电。振捣器应保持清洁,不得有混凝土黏接在电动机外壳上妨碍散热。在一个构件上同时使用几台附着式振捣器工作时,所有振捣器的频率必须相同。

混凝土振捣器使用前应检查各部件是否连接牢固,旋转方向是否正确。振捣器不得放在初凝的混凝土、地板、脚手架、道路和干硬的地面上进行试振,维修或作业间断时,应切断电源。

插入式振捣器软轴的弯曲半径不得小于 50cm，并不多于两个弯，操作时振动棒自然垂直地沉入混凝土，不得用力硬插、斜推或使钢筋夹住棒头。

作业转移时，电动机的导线应保持有足够的长度和松度。严禁用电源线拖拉振捣器。

用绳拉平板振捣器时，绳应干燥绝缘，移动或转向时不得用脚踢电动机。平板振捣器的振捣器与平板应连接牢固，电源线必须固定在平板上，电器开关应装在手把上。

（8）下料溜筒被混凝土堵塞时，应停止下料，立即处理。处理时不得直接在溜筒上攀登。

（9）电气设备的安装拆除或在运转过程中的事故处理，均应由电工进行。

（10）作业后，必须做好清洗、保养工作。振捣器要放在干燥处。

第三节　混凝土养护阶段安全技术

（1）养护用水不得喷射到电线和各种带电设备上。养护人员不得用湿手移动电线。养护水管要随用随关，不得使交通道转梯、仓面出入口、脚手架平台等处有长流水。

（2）在养护仓面上遇有沟、坑、洞时，应设明显的安全标志。必要时，可铺安全网或设置安全栏杆。

（3）禁止在不易站稳的高处向低处混凝土面上直接洒水养护。

（4）高处作业时应执行高处作业安全规程。

第八章

混凝土工程质量控制检查与验收

第一节　混凝土工程质量控制与检查

混凝土工程质量包括结构外观质量和内在质量。前者指结构的尺寸、位置、高程等;后者则指从混凝土原材料、设计配合比、配料、拌和、运输、浇捣等方面。

一、原材料的控制检查

1. 水泥

水泥是混凝土主要胶凝材料,水泥质量直接影响混凝土的强度及其性质的稳定性。运至工地的水泥应有生产厂家品质试验报告,工地试验室外必须进行复验,必要时还要进行化学分析。进场水泥每200～400t 同厂家、同品种、同强度等级的水泥作一取样单位,如不足 200t 亦作为一取样单位。可采用机械连续取样,混合均匀后作为样品,其总量不少于10kg。检查的项目有水泥强度等级、凝结时间、体积安定性。必要时应增加稠度、细度、密度和水化热试验。

2. 粉煤灰

粉煤灰每天至少检查 1 次细度和需水量比。

3. 砂石骨料

在筛分场每班检查 1 次各级骨料超逊径、含泥量、砂子的细度模数。

在拌和厂检查砂子、小石的含水量、砂子的细度模数以及骨料的含泥量、超逊径。

4. 外加剂

外加剂应有出厂合格证,并经试验认可。

二、混凝土拌和物

拌制混凝土时，必须严格遵守试验室签发的配料单进行称量配料，严禁擅自更改。控制检查的项目有：

1. 衡器的准确性

各种称量设备应经常检查，确保称量准确。

2. 拌和时间

每班至少抽查 2 次拌和时间，保证混凝土充分拌和，拌和时间符合要求。

3. 拌和物的均匀性

混凝土拌和物应均匀，经常检查其均匀性。

4. 坍落度

现场混凝土坍落度每班在机口应检查 4 次。

5. 取样检查

按规定在现场取混凝土试样作抗压试验，检查混凝土的强度。

三、混凝土浇捣质量控制检查

1. 混凝土运输

混凝土运输过程中应检查混凝土拌和物是否发生分离、漏浆、严重泌水及过多降低坍落度等现象。

2. 基础面、施工缝的处理及钢筋、模板、预埋件安装

开仓前应对基础面、施工缝的处理及钢筋、模板、预埋件安装作最后一次检查。应符合规范要求。

3. 混凝土浇筑

严格按规范要求控制检查接缝砂浆的铺设、混凝土入仓铺料、平仓、振捣、养护等内容。

四、混凝土外观质量和内部质量缺陷检查

混凝土外观质量主要检查表面平整度（有表面平整要求的部位）、麻面、蜂窝、空洞、露筋、碰损掉角、表面裂缝等。重要工程还要检查内部质量缺陷，如用回弹仪检查混凝土表面强度、用超声仪检查裂缝、钻孔取芯检查各项力学指标等。

第二节 混凝土强度检验评定

一、基本规定

（1）混凝土的强度等级应按立方体抗压强度标准值划分。混凝土强度等级应采用符号 C 与立方体抗压强度标准值（以 N/mm² 计）表示。

（2）立方体抗压强度标准值应为按标准方法制作和养护的边长为 100mm 的立方体试件，用标准试验方法在 28d 龄期测得的混凝土抗压强度总体分布中的一个值，强度低于该值的概率应为 5%。

（3）混凝土强度应分批进行检验评定。一个检验批的混凝土应由强度等级相同、试验龄期相同、生产工艺条件和配合比基本相同的混凝土组成。

（4）对大批量、连续生产混凝土的强度应按统计方法评定。对小批量或零星生产混凝土的强度应按非统计方法评定。

二、混凝土的取样与试验

1. 混凝土的取样

混凝土的取样，宜根据标准规定的检验评定方法要求制定检验批的划分方案和相应的取样计划。

混凝土强度试样应在混凝土的浇筑地点随机抽取。

试件的取样频率和数量应符合下列规定：

（1）每 100 盘，但不超过 100m³ 的同配合比混凝土，取样次数不应少于一次；

（2）每一工作班拌制的同配合比混凝土，不足 100 盘和 100m³ 时其取样次数不应少于一次；

（3）当一次连续浇筑的同配合比混凝土超过 1000m³ 时，每 200m³ 取样不应少于一次。

每批混凝土试样应制作的试件总组数，除满足混凝土强度评定所必需的组数外，还应留置为检验结构或构件施工阶段混凝土强度所必需的试件。

2. 混凝土试件的制作与养护

每次取样应至少制作一组标准养护试件。每组 3 个试件应由同一盘或同一车的混凝土中取样制作。检验评定混凝土强度用的混凝土试件,其成型方法及标准养护条件应符合现行国家标准 GB/T 50081—2002 的规定。采用蒸汽养护的构件,其试件应先随构件同条件养护,然后应置入标准养护条件下继续养护,两段养护时间的总和应为设计规定龄期。

3. 混凝土试件的试验

混凝土试件的立方体抗压强度试验应根据现行国家标准 GB/T 50081—2002 的规定执行。每组混凝土试件强度代表值的确定,应符合下列规定:

(1) 取 3 个试件强度的算术平均值作为每组试件的强度代表值;

(2) 当一组试件中强度的最大值或最小值与中间值之差超过中间值的 10% 时,取中间值作为该组试件的强度代表值;

(3) 当一组试件中强度的最大值和最小值与中间值之差均超过中间值的 15% 时,该组试件的强度不应作为评定的依据。

对掺矿物掺和料的混凝土进行强度评定时,可根据设计规定,可采用大于 28d 龄期的混凝土强度。

当采用非标准尺寸试件时,应将其抗压强度乘以尺寸折算系数,折算成边长为 100mm 的标准尺寸试件抗压强度。尺寸折算系数按下列规定采用:

(1) 当混凝土强度等级低于 C60 时,对边长为 100mm 的立方体试件取 0.95,对边长为 200mm 的立方体试件取 1.05;

(2) 当混凝土强度等级不低于 C60 时,宜采用标准尺寸试件;使用非标准尺寸试件时,尺寸折算系数应由试验确定,其试件数量不应少于 30 对组。

三、混凝土强度的检验评定

1. 统计方法评定

采用统计方法评定时，当连续生产的混凝土，生产条件在较长时间内保持一致，且同一品种、同一强度等级混凝土的强度变异性保持稳定时，应按以下第(1)条规定进行评定。

其他情况应按第(2)条的规定进行评定。

(1) 一个检验批的样本容量应为连续的 3 组试件，其强度应同时符合式(8-1)、式(8-2)要求：

$$Mf_{cu} \geqslant f_{cu,k} + 0.7\sigma_0 \tag{8-1}$$

$$f_{cu,min} \geqslant f_{cu,k} - 0.7\sigma_0 \tag{8-2}$$

检验批混凝土立方体抗压强度的标准差应按式(8-3)计算：

$$\sigma_0 = \sqrt{\frac{\sum_{i=1}^{n} f^2{}_{cu,i} - nm f_{cu}{}^2}{n-1}} \tag{8-3}$$

当混凝土强度等级不高于 C20 时，其强度的最小值尚应满足式(8-4)要求：

$$f_{cu,min} \geqslant 0.85 f_{cu,k} \tag{8-4}$$

当混凝土强度等级高于 C20 时，其强度的最小值尚应满足式(8-5)要求：

$$f_{cu,min} \geqslant 0.90 f_{cu,k} \tag{8-5}$$

式中：Mf_{cu} —— 同一检验批混凝土立方体抗压强度的平均值，N/mm^2，精确到 $0.1N/mm^2$；

$f_{cu,k}$ —— 混凝土立方体抗压强度标准值，N/mm^2，精确到 $0.1N/mm^2$；

σ_0 —— 检验批混凝土立方体抗压强度的标准差，N/mm^2，精确到 $0.01N/mm^2$；当检验批混凝土强度标准差 σ_0 计算值小于 $2.0N/mm^2$ 时，应取 $2.5N/mm^2$；

$f_{cu,i}$ ——前一个检验期内同一品种、同一强度等级的第 i 组混凝土试件的立方体抗压强度代表值，N/mm^2，精确到 $0.1N/mm^2$；该检验期不应少于 60d，也不得大于 90d；

n ——前一检验期内的样本容量，在该期间内样本容量不应少于 45；

$f_{cu,min}$ ——同一检验批混凝土立方体抗压强度的最小值，N/mm^2，精确到 $0.1N/mm^2$。

（2）当样本容量不少于 10 组时，其强度应同时满足式（8-6）、式（8-7）要求：

$$Mf_{cu} \geqslant f_{cu,k} + \lambda_1 \cdot S_{f_{cu}} \qquad (8-6)$$

$$f_{cu,min} \geqslant \lambda_2 \cdot f_{cu,k} \qquad (8-7)$$

同一检验批混凝土立方体抗压强度的标准差应按式（8-8）计算：

$$S_{f_{cu}} = \sqrt{\frac{\sum_{i=1}^{n} f_{cu,i}^2 - nmf_{cu}^2}{n-1}} \qquad (8-8)$$

式中：$S_{f_{cu}}$ ——同一检验批混凝土立方体抗压强度的标准差，N/mm^2，精确到 $0.01N/mm^2$；当检验批混凝土强度标准差 $S_{f_{cu}}$ 计算值小于 $2.5N/mm^2$ 时，应取 $2.5N/mm^2$；

λ_1、λ_2 ——合格评定系数，按表 8-1 取用；

n ——本检验期内的样本容量。

表 8-1   混凝土强度的合格评定系数

试件组数	10～14	15～19	≥20
λ_1	1.15	1.05	0.95
λ_2	0.90	0.85	

2. 非统计方法评定

（1）当用于评定的样本容量小于 10 组时，应采用非统计方法评定混凝土强度。

（2）按非统计方法评定混凝土强度时，其强度应同时符合式(8-9)、式(8-10)要求：

$$Mf_{cu} \geqslant \lambda_3 \cdot f_{cu,k} \qquad (8-9)$$

$$f_{cu,min} \geqslant \lambda_4 \cdot f_{cu,k} \qquad (8-10)$$

式中：λ_3、λ_4——合格评定系数，应按表8-2取用。

表 8-2　　混凝土强度的非统计法合格评定系数

混凝土强度等级	<C60	≥C60
λ_3	1.15	1.10
λ_4	0.95	

3. 混凝土强度的合格性评定

当检验结果满足上述规定时，则该批混凝土强度应评定为合格；当不能满足上述规定时，该批混凝土强度应评定为不合格。

对评定为不合格批的混凝土，可按国家现行的有关标准进行处理。

第三节　混凝土工程质量等级评定

一、项目划分

水利水电工程质量检验与评定应进行项目划分。项目按级划分为单位工程、分部工程、单元(工序)工程三级。

一般以每座独立的建筑物为一个单位工程。当工程规模大时，可将一个建筑物中具有独立施工条件的一部分划分为一个单位工程。

分部工程项目划分时，对枢纽工程，土建部分按设计的主要组成部分划分；堤防工程，按长度或功能划分；引水(渠道)工程中的河(渠)道按施工部署或长度划分。大、中型建筑物按设计主要组成部分划分；除险加固工程，按加固内容或部位划分。

单元工程划分时,按单元工程评定标准规定进行划分。

二、工程质量检验

施工单位应按《单元工程评定标准》检验工序及单元工程质量,做好施工记录,在自检合格后,填写《水利水电工程施工质量评定表》报监理机构复核。监理机构根据抽检的资料核定单元(工序)工程质量等级。发现不合格单元(工序)工程,应按规程规范和设计要求及时进行处理,合格后才能进行后续工程施工。对施工中的质量缺陷应记录备案,进行统计分析,并在相应单元(工序)工程质量评定表"评定意见"栏内注明。单元(工序)工程质量检验工作流程如图 8-1 所示。

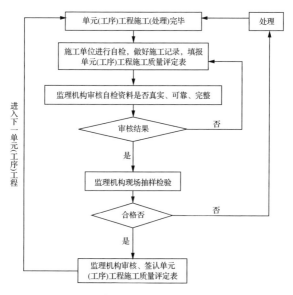

图 8-1 单元工程质量检验工作程序图

施工单位应及时将原材料、中间产品及单元(工序)工程质量检验结果送监理单位复核。并按月将施工质量情况送监理单位,由监理单位汇总分析后报项目法人和工程质量监督机构。

单位工程完工后,项目法人应组织监理、设计、施工及运行管理等单位组成工程外观质量评定组,现场进行工程外规质量检验评定。并将评定结论报工程质量监督机构核定。

三、施工质量评定

1. 合格标准

合格标准是工程验收标准。不合格工程必须按要求处理合格后,才能进行后续工程施工或验收。

单元(工序)工程施工质量合格标准应按照《单元工程评定标准》或合同约定的合格标准执行。

分部工程施工质量同时满足下列标准时,其质量评为合格:

(1) 所含单元工程的质量全部合格。质量事故及质量缺陷已按要求处理,并经检验合格;

(2) 原材料、中间产品及混凝土(砂浆)试件质量全部合格,金属结构及启闭机制造质量合格,机电产品质量合格。

单位工程施工质量同时满足下列标准时,其质量评为合格:

(1) 所含分部工程质量全部合格;

(2) 质量事故已按要求进行处理;

(3) 工程外观质量得分率达到70%以上;

(4) 单位工程施工质量检验与评定资料基本齐全;

(5) 工程施工期及试运行期,单位工程观测资料分析结果符合国家和行业技术标准以及合同约定的标准要求。

工程项目施工质量同时满足下列标准时,其质量评为合格:

(1) 单位工程质量全部合格;

(2) 工程施工期及试运行期,各单位工程观测资料分析结果均符合国家和行业技术标准以及合同约定的标准要求。

2. 优良标准

优良等级是为工程质量创优而设置。

单元工程施工质量优良标准按照《单元工程评定标准》或合同约定的优良标准执行。全部返工重做的单元工程,经检验达到优良标准者,可评为优良等级。

分部工程施工质量同时满足下列标准时,其质量评为优良:

(1) 所含单元工程质量全部合格,其中70%以上达到优良,重要隐蔽单元工程以及关键部位单元工程质量优良率达90%以上,且未发生过质量事故。

(2) 中间产品质量全部合格,混凝土(砂浆)试件质量达到优良(当试件组数小于30时,试件质量合格)。原材料质量、金属结构及启闭机制造质量合格,机电产品质量合格。

单位工程施工质量同时满足下列标准时,其质量评为优良:

(1) 所含分部工程质量全部合格,其中70%以上达到优良等级,主要分部工程质量全部优良,且施工中未发生过较大质量事故;

(2) 质量事故已按要求进行处理;

(3) 外观质量得分率达到85%以上;

(4) 单位工程施工质量检验与评定资料齐全;

(5) 工程施工期及试运行期,单位工程观测资料分析结果符合国家和行业技术标准以及合同约定的标准要求。

工程项目施工质量优良标准:

(1) 单位工程质量全部合格,其中70%以上单位工程质量优良等级,且主要单位工程质量全部优良。

(2) 工程施工期及试运行期,各单位工程观测资料分析结果符合国家和行业技术标准以及合同约定的标准要求。

知识链接

★工程质量事故处理后,应有项目法人委托具有相应资质等级的工程质量检测单位检测后,按照处理方案确定的质量标准,重新进行工程质量评定。

——《水利工程建设标准强制性条文》
(2016年版)

附录：

部分混凝土工程单元工程质量评定表

附表 1　单元工程施工质量验收评定表（划分工序）

单位工程名称		单元工程量	
分部工程名称		施工单位	
单元工程名称、部位		施工日期	年 月 日～ 年 月 日
项次	工序编号	工序质量验收评定等级	
1			
2			
3			
施工单位 自评意见	各工序施工质量全部合格,其中优良工序占　　%,且主要工序达到　　等级。 单元工程质量等级评定为： （签字,加盖公章）　　　年　　月　　日		
监理单位 复核意见	经抽查并查验相关检验报告和检验资料,各工序施工质量全部合格,其中优良工序占　　%,且主要工序达到　　等级。 单元工程质量等级评定为： （签字,加盖公章）　　　年　　月　　日		

注：1. 对重要隐蔽单元工程和关键部位单元工程的施工质量验收评定应有设计、建设等单位的代表签字,具体要求应满足现行行业标准《水利水电工程施工质量检验与评定规程》(SL 176—2007)的规定。

2. 本表所填"单元工程量"不作为施工单位工程量结算计量的依据。

附表 2　混凝土施工缝处理质量标准

单位工程名称				工序编号		
分部工程名称				施工单位		
单元工程名称、部位				施工日期	年 月 日～年 月 日	

项次		检验项目	质量标准	检验方法	检验数量	检查(测)记录	合格数	合格率
主控项目	1	施工缝的留置位置	符合设计或有关施工规范规定	观察、量测	全部			
	2	施工缝面凿毛	基面无乳皮,成毛面,微露粗砂	观察				
一般项目	1	缝面清理	符合设计要求;清洗洁净、无积水、无积渣杂物	观察				

施工单位自评意见	主控项目检验点 100％合格,一般项目逐项检验点的合格率　％,且不合格点不集中分布。 工序质量等级评定为: 　　　　　　　　　　　(签字,加盖公章)　　　年　　　月　　　日
监理单位复核意见	经复核,主控项目检验点 100％合格,一般项目逐项检验点的合格率　％,且不合格点不集中分布。 工序质量等级评定为: 　　　　　　　　　　　(签字,加盖公章)　　　年　　　月　　　日

附表3　混凝土施工缝处理质量验收评定表

单位工程名称			工序编号		
分部工程名称			施工单位		
单元工程名称、部位			施工日期	年 月 日～　年 月 日	
项次		检验项目	质量标准	检查(测)记录	合格数	合格率
主控项目	1	施工缝的留置位置	符合设计或有关施工规范规定			
	2	施工缝面凿毛	基面无乳皮,成毛面,微露粗砂			
一般项目	1	缝面清理	符合设计要求;清洗洁净、无积水、无积渣杂物			
施工单位自评意见	主控项目检验点100%合格,一般项目逐项检验点的合格率 ____%,且不合格点不集中分布。 　工序质量等级评定为: 　　　　　　　　　　　(签字,加盖公章)　　年　　月　　日					
监理单位复核意见	经复核,主控项目检验点100%合格,一般项目逐项检验点的合格率 ____%,且不合格点不集中分布。 　工序质量等级评定为: 　　　　　　　　　　　(签字,加盖公章)　　年　　月　　日					

附表4 混凝土浇筑施工质量标准

单位工程名称			工序编号				
分部工程名称			施工单位				
单元工程名称、部位			施工日期	年 月 日～年 月 日			
项次	检验项目	质量标准	检验方法	检验数量	检查(测)记录	合格数	合格率
主控项目	1	入仓混凝土料	无不合格料入仓。如有少量不合格料入仓，应及时处理至达到要求	观察	不少于入仓总次数的50%			
	2	平仓分层	厚度不大于振捣棒有效长度的90%，铺设均匀，分层清楚，无骨料集中现象	观察、量测	全部			
	3	混凝土振捣	振捣器垂直插入下层5cm，有次序、间距、留振时间合理，无漏振、无超振	在混凝土浇筑过程中全部检查				
	4	铺筑间歇时间	符合要求，无初凝现象	在混凝土浇筑过程中全部检查				

项次		检验项目	质量标准	检验方法	检验数量	检查(测)记录	合格数	合格率
主控项目	5	浇筑温度(指有温控要求的混凝土)	满足设计要求	温度计测量				
	6	混凝土养护	表面保持湿润;连续养护时间基本满足设计要求	观察				
一般项目	1	砂浆铺筑	厚度宜为2~3cm,均匀平整,无漏铺	观察	全部			
	2	积水和泌水	无外部水流入,泌水排除及时	观察				
	3	插筋、管路等埋设件以及模板的保护	保护好,符合设计要求	观察、量测				
	4	混凝土表面保护	保护时间、保温材料质量符合设计要求	观察				
	5	脱模	脱模时间符合施工技术规范或设计要求	观察或查阅施工记录	不少于脱模总次数的30%			

施工单位 自评意见	主控项目检验点 100％合格，一般项目逐项检验点的合格率 ％,且不合格点不集中分布。 工序质量等级评定为： （签字,加盖公章）　　年　　月　　日
监理单位 复核意见	经复核,主控项目检验点 100％合格,一般项目逐项检验点的合格率 ％,且不合格点不集中分布。 工序质量等级评定为： （签字,加盖公章）　　年　　月　　日

附表 5　混凝土浇筑施工质量验收评定表

单位工程名称			工序编号		
分部工程名称			施工单位		
单元工程名称、部位			施工日期	年 月 日～	年 月 日
项次	检验项目	质量标准	检查(测)记录	合格数	合格率
主控项目	1 入仓混凝土料	无不合格料入仓。如有少量不合格料入仓,应及时处理至达到要求			
	2 平仓分层	厚度不大于振捣棒有效长度的 90%,铺设均匀,分层清楚,无骨料集中现象			
	3 混凝土振捣	振捣器垂直插入下层 5cm,有次序,间距、留振时间合理,无漏振、无超振			
	4 铺筑间歇时间	符合要求,无初凝现象			
	5 浇筑温度(指有温控要求的混凝土)	满足设计要求			
	6 混凝土养护	表面保持湿润;连续养护时间基本满足设计要求			

项次		检验项目	质量标准	检查(测)记录	合格数	合格率
一般项目	1	砂浆铺筑	厚度宜为 2～3cm，均匀平整，无漏铺			
	2	积水和泌水	无外部水流入，泌水排除及时			
	3	插筋、管路等埋设件以及模板的保护	保护好，符合设计要求			
	4	混凝土表面保护	保护时间、保温材料质量符合设计要求			
	5	脱模	脱模时间符合施工技术规范或设计要求			

施工单位自评意见	主控项目检验点100%合格，一般项目逐项检验点的合格率　　%，且不合格点不集中分布。 工序质量等级评定为： （签字，加盖公章）　　年　　月　　日
监理单位复核意见	经复核，主控项目检验点100%合格，一般项目逐项检验点的合格率　　%，且不合格点不集中分布。 工序质量等级评定为： （签字，加盖公章）　　年　　月　　日

单位工程名称				工序编号				
分部工程名称				施工单位				
单元工程名称、部位				施工日期		年 月 日～ 年 月 日		
项次		检验项目	质量标准	检验方法	检验数量	检查(测)记录	合格数	合格率
主控项目	1	表面平整度	符合设计要求	使用 2m 靠尺或专用工具检查	100m² 以上的表面检查 6～10 个点；100m² 以下的表面检查 3～5 个点			
	2	形体尺寸	符合设计要求或允许偏差±20mm	钢尺测量	抽查 15%			
	3	重要部位缺损	不允许，应修复使其符合设计要求	观察、仪器检测				
一般项目	1	麻面、蜂窝	麻面、蜂窝累计面积不超过 0.5%。经处理符合设计要求	观察	全部			
	2	孔洞	单个面积不超过 0.01m²，且深度不超过骨料最大粒径。经处理符合设计要求	观察、量测				

项次		检验项目	质量标准	检验方法	检验数量	检查(测)记录	合格数	合格率
一般项目	3	错台、跑模、掉角	经处理符合设计要求	观察、量测	全部			
	4	表面裂缝	短小、深度不大于钢筋保护层厚度的表面裂缝经处理符合设计要求	观察、量测				
施工单位自评意见		主控项目检验点100%合格,一般项目逐项检验点的合格率 %,且不合格点不集中分布。 工序质量等级评定为: (签字,加盖公章) 年 月 日						
监理单位复核意见		经复核,主控项目检验点100%合格,一般项目逐项检验点的合格率 %,且不合格点不集中分布。 工序质量等级评定为: (签字,加盖公章) 年 月 日						

附表7 外观质量验收评定表

单位工程名称				工序编号			
分部工程名称				施工单位			
单元工程名称、部位				施工日期	年 月 日～ 年 月 日		
项次		检验项目	质量标准	检查(测)记录	合格数	合格率	
主控项目	1	表面平整度	符合设计要求				
	2	形体尺寸	符合设计要求或允许偏差±20mm				
	3	重要部位缺损	不允许,应修复使其符合设计要求				
一般项目	1	麻面、蜂窝	麻面、蜂窝累计面积不超过0.5%。经处理符合设计要求				
	2	孔洞	单个面积不超过0.01m²,且深度不超过骨料最大粒径。经处理符合设计要求				
	3	错台、跑模、掉角	经处理符合设计要求				
	4	表面裂缝	短小、深度不大于钢筋保护层厚度的表面裂缝经处理符合设计要求				

276 混凝土工程施工

施工单位 自评意见	主控项目检验点 100％合格,一般项目逐项检验点的合格率 ％,且不合格点不集中分布。 工序质量等级评定为: (签字,加盖公章) 年 月 日
监理单位 复核意见	经复核,主控项目检验点 100％合格,一般项目逐项检验点的合格率 ％,且不合格点不集中分布。 工序质量等级评定为: (签字,加盖公章) 年 月 日

附表8 碾压混凝土层面处理质量标准

单位工程名称					工序编号			
分部工程名称					施工单位			
单元工程名称、部位					施工日期		年 月 日～ 年 月 日	
项次		检验项目	质量标准	检验方法	检验数量	检查(测)记录	合格数	合格率
主控项目	1	施工层面凿毛	刷毛或冲毛、无乳皮、表面成毛面	观察	全部			
一般项目	1	施工层面清理	符合设计要求;清洗洁净、无积水、无积渣杂物	观察				
施工单位自评意见	主控项目检验点100%合格,一般项目逐项检验点的合格率　%,且不合格点不集中分布。 工序质量等级评定为: 　　　　　　　　　　　(签字,加盖公章)　　年　　月　　日							
监理单位复核意见	经复核,主控项目检验点100%合格,一般项目逐项检验点的合格率　%,且不合格点不集中分布。 工序质量等级评定为: 　　　　　　　　　　　(签字,加盖公章)　　年　　月　　日							

单位工程名称			工序编号		
分部工程名称			施工单位		
单元工程名称、部位			施工日期	年 月 日～年 月 日	
项次		检验项目	质量标准	检查(测)记录	合格数	合格率
主控项目	1	施工层面凿毛	刷毛或冲毛,无乳皮、表面成毛面			
一般项目	1	施工层面清理	符合设计要求;清洗洁净、无积水、无积渣杂物			
施工单位自评意见	主控项目检验点 100%合格,一般项目逐项检验点的合格率　%,且不合格点不集中分布。 工序质量等级评定为: （签字,加盖公章）　　年　月　日					
监理单位复核意见	经复核,主控项目检验点 100%合格,一般项目逐项检验点的合格率　%,且不合格点不集中分布。 工序质量等级评定为: （签字,加盖公章）　　年　月　日					

附表10 混凝土铺筑碾压施工质量标准

单位工程名称					工序编号			
分部工程名称					施工单位			
单元工程名称、部位					施工日期	年 月 日～ 年 月 日		
项次		检验项目	质量标准	检验方法	检验数量	检查(测)记录	合格数	合格率
主控项目	1	碾压参数	应符合碾压试验确定的参数值	查阅试验报告、施工记录	每班至少检查2次			
	2	运输、卸料、平仓和碾压	符合设计要求,卸料高度不大于1.5m;迎水面防渗范围平仓与碾压方向不允许与坝轴线垂直,摊铺至碾压间隔时间不宜超过2h	观察、记录间隔时间	全部			
	3	层间允许间隔时间	符合允许间隔时间要求	观察、记录间隔时间				
	4	控制碾压厚度	满足碾压试验参数要求	使用插尺、直尺量测	每个仓号均检测2～3个点			
	5	混凝土压实密度	符合规范或设计要求	密度检测仪测试混凝土岩芯试验(必要时)	每100～200㎡碾压层测试1次,每层至少有3个点			

项次	检验项目	质量标准	检验方法	检验数量	检查(测)记录	合格数	合格率
一般项目	1 碾压条带边缘的处理	搭接 20～30cm 宽度与下一条同时碾压	观察、量测	每个仓号均检测1～2个点			
	2 碾压搭接宽度	条带间搭接10～20cm；端头部位搭接不少于100cm	观察	每个仓号抽查1～2个点			
	3 碾压层表面	不允许出现骨料分离	观察				
	4 混凝土养护	仓面保持湿润，养护时间符合要求，仓面养护到上层碾压混凝土铺筑为止	观察	全部			

施工单位自评意见	主控项目检验点100%合格，一般项目逐项检验点的合格率　　％,且不合格点不集中分布。 工序质量等级评定为： （签字,加盖公章）　　年　月　日
监理单位复核意见	经复核,主控项目检验点100%合格，一般项目逐项检验点的合格率　　％,且不合格点不集中分布。 工序质量等级评定为： （签字,加盖公章）　　年　月　日

附表11 混凝土铺筑碾压施工质量验收评定表

单位工程名称			工序编号			
分部工程名称			施工单位			
单元工程名称、部位			施工日期	年 月 日～		年 月 日
项次	检验项目	质量标准	检查(测)记录	合格数	合格率	
主控项目	1 碾压参数	应符合碾压试验确定的参数值				
	2 运输、卸料、平仓和碾压	符合设计要求，卸料高度不大于1.5m；迎水面防渗范围平仓与碾压方向不允许与坝轴线垂直，摊铺至碾压间隔时间不宜超过2h				
	3 层间允许间隔时间	符合允许间隔时间要求				
	4 控制碾压厚度	满足碾压试验参数要求				
	5 混凝土压实密度	符合规范或设计要求				
一般项目	1 碾压条带边缘的处理	搭接20～30cm宽度与下一条同时碾压				
	2 碾压搭接宽度	条带间搭接10～20cm；端头部位搭接不少于100cm				
	3 碾压层表面	不允许出现骨料分离				

项次	检验项目	质量标准	检查(测)记录	合格数	合格率
一般项目	4 混凝土养护	仓面保持湿润,养护时间符合要求,仓面养护到上层碾压混凝土铺筑为止			
施工单位自评意见	主控项目检验点100%合格,一般项目逐项检验点的合格率 %,且不合格点不集中分布。 工序质量等级评定为: (签字,加盖公章) 年 月 日				
监理单位复核意见	经复核,主控项目检验点100%合格,一般项目逐项检验点的合格率 %,且不合格点不集中分布。 工序质量等级评定为: (签字,加盖公章) 年 月 日				

附表 12 变态混凝土施工质量标准

单位工程名称				工序编号				
分部工程名称				施工单位				
单元工程名称、部位				施工日期		年 月 日～ 年 月 日		
项次	检验项目	质量标准	检验方法	检验数量	检查(测)记录	合格数	合格率	
主控项目	1	灰浆拌制	由水泥与粉煤灰并掺用外加剂拌制,水胶比宜不大于碾压混凝土的水胶比,保持浆体均匀	查阅试验报告、施工记录或比重计量测	全部			
	2	灰浆铺洒	加浆量满足设计要求,铺洒方式符合设计及规范要求,间歇时间低于规定时间	观察、记录间隔时间				
	3	振捣	符合规定要求,间隔时间符合规定标准	浇筑过程中全部检查				
一般项目	1	与碾压混凝土振碾搭接宽度	应大于20cm	观察	每个仓号抽查 1～2 个点			

项次		检验项目	质量标准	检验方法	检验数量	检查(测)记录	合格数	合格率
一般项目	2	铺层厚度	符合设计要求	量测	全部			
	3	施工层面	无积水,不允许出现骨料分离;特殊地区施工时空气温度应满足施工层面需要	观察				
施工单位自评意见	主控项目检验点100%合格,一般项目逐项检验点的合格率 %,且不合格点不集中分布。 工序质量等级评定为: （签字,加盖公章） 年 月 日							
监理单位复核意见	经复核,主控项目检验点100%合格,一般项目逐项检验点的合格率 %,且不合格点不集中分布。 工序质量等级评定为: （签字,加盖公章） 年 月 日							

附表13 变态混凝土施工质量验收评定表

单位工程名称			工序编号		
分部工程名称			施工单位		
单元工程名称、部位			施工日期	年 月 日～ 年 月 日	
项次	检验项目	质量标准	检查(测)记录	合格数	合格率
主控项目	1 灰浆拌制	由水泥与粉煤灰并掺用外加剂拌制,水胶比宜不大于碾压混凝土的水胶比,保持浆体均匀			
	2 灰浆铺洒	加浆量满足设计要求,铺洒方式符合设计及规范要求,间歇时间低于规定时间			
	3 振捣	符合规定要求,间隔时间符合规定标准			
一般项目	1 与碾压混凝土振碾搭接宽度	应大于20cm			
	2 铺层厚度	符合设计要求			
	3 施工层面	无积水,不允许出现骨料分离;特殊地区施工时空气温度应满足施工层面需要			

施工单位 自评意见	主控项目检验点100％合格,一般项目逐项检验点的合格率 ％,且不合格点不集中分布。 工序质量等级评定为: （签字,加盖公章）　　　　年　　月　　日
监理单位 复核意见	经复核,主控项目检验点100％合格,一般项目逐项检验点的合格率 ％,且不合格点不集中分布。 工序质量等级评定为: （签字,加盖公章）　　　　年　　月　　日

附表 14 碾压混凝土成缝施工质量标准

单位工程名称					工序编号			
分部工程名称					施工单位			
单元工程名称、部位					施工日期	年 月 日～年 月 日		
项次	检验项目	质量标准	检验方法	检验数量	检查(测)记录	合格数	合格率	
主控项目	1	缝面位置	应满足设计要求	观察、量测	全部			
	2	结构型式及填充材料	应满足设计要求	观察				
	3	有重要灌浆要求横缝	制作与安装应满足设计要求	观察、量测				
一般项目	1	切缝工艺	应满足设计要求	量测				
	2	成缝面积	满足设计要求	量测				
施工单位自评意见	主控项目检验点100％合格，一般项目逐项检验点的合格率 ％，且不合格点不集中分布。 工序质量等级评定为： （签字，加盖公章） 年 月 日							
监理单位复核意见	经复核，主控项目检验点100％合格，一般项目逐项检验点的合格率 ％，且不合格点不集中分布。 工序质量等级评定为： （签字，加盖公章） 年 月 日							

附表 15　碾压混凝土成缝施工质量验收评定表

单位工程名称			工序编号			
分部工程名称			施工单位			
单元工程名称、部位			施工日期	年 月 日～　年 月 日		
项次		检验项目	质量标准	检查(测)记录	合格数	合格率
主控项目	1	缝面位置	应满足设计要求			
	2	结构型式及填充材料	应满足设计要求			
	3	有重要灌浆要求横缝	制作与安装应满足设计要求			
一般项目	1	切缝工艺	应满足设计要求			
	2	成缝面积	满足设计要求			
施工单位自评意见	主控项目检验点100％合格,一般项目逐项检验点的合格率　　％,且不合格点不集中分布。 工序质量等级评定为: (签字,加盖公章)　　　年　　月　　日					
监理单位复核意见	经复核,主控项目检验点100％合格,一般项目逐项检验点的合格率　　％,且不合格点不集中分布。 工序质量等级评定为: (签字,加盖公章)　　　年　　月　　日					

附表 16　混凝土面板浇筑施工质量标准

单位工程名称				工序编号			
分部工程名称				施工单位			
单元工程 名称、部位				施工日期	年 月 日～ 年 月 日		
项次	检验 项目	质量标准	检验方法	检验数量	检查(测) 记录	合格 数	合格 率
主控项目	1	滑模提升速度控制	滑模提升速度由试验确定,混凝土浇筑连续,不允许仓面混凝土出现初凝现象。脱模后无鼓胀及表面拉裂现象,外观光滑平整	观察、查阅施工记录	全部			
	2	混凝土振捣	有序振捣均匀、密实	观察				
	3	施工缝处理	按设计要求处理	观察、量测				
	4	裂缝	无贯穿性裂缝,出现裂缝按设计要求处理	检查、进行统计描述裂缝情况的位置、深度、宽度、长度等				

项次		检验项目	质量标准	检验方法	检验数量	检查(测)记录	合格数	合格率
一般项目	1	铺筑厚度	符合规范要求	量测	每10延米测1点			
	2	面板厚度/mm	符合设计要求。允许偏差－50～100mm	测量				
	3	混凝土养护	符合规范要求	观察、查阅施工记录	全部			
施工单位自评意见		主控项目检验点100%合格,一般项目逐项检验点的合格率 %,且不合格点不集中分布。 工序质量等级评定为: (签字,加盖公章) 年 月 日						
监理单位复核意见		经复核,主控项目检验点100%合格,一般项目逐项检验点的合格率 %,且不合格点不集中分布。 工序质量等级评定为: (签字,加盖公章) 年 月 日						

附表 17　混凝土面板浇筑施工质量验收评定表

单位工程名称			工序编号		
分部工程名称			施工单位		
单元工程名称、部位			施工日期	年 月 日～　年 月 日	
项次	检验项目	质量标准	检查(测)记录	合格数	合格率
主控项目	1 滑模提升速度控制	滑模提升速度由试验确定,混凝土浇筑连续,不允许仓面混凝土出现初凝现象。脱模后无鼓胀及表面拉裂现象,外观光滑平整			
	2 混凝土振捣	有序振捣均匀、密实			
	3 施工缝处理	按设计要求处理			
	4 裂缝	无贯穿性裂缝,出现裂缝按设计要求处理			
一般项目	1 铺筑厚度	符合规范要求			
	2 面板厚度/mm	符合设计要求。允许偏差－50～100mm			
	3 混凝土养护	符合规范要求			

施工单位 自评意见	主控项目检验点 100％合格，一般项目逐项检验点的合格率 　　％，且不合格点不集中分布。 工序质量等级评定为： 　　　　　　　　　　　　（签字,加盖公章）　　年　　月　　日
监理单位 复核意见	经复核,主控项目检验点 100％合格,一般项目逐项检验点的合格 率　　％,且不合格点不集中分布。 工序质量等级评定为： 　　　　　　　　　　　　（签字,加盖公章）　　年　　月　　日

参 考 文 献

[1]《建筑施工手册》(第五版)编写编委会. 建筑施工手册(第5版)[M]. 北京:中国建筑工业出版社,2012.

[2]《水利水电工程施工手册》编写编委会. 水利水电工程施工手册(第3卷混凝土工程)[M]. 北京:中国电力出版社,2002.

[3]《水利水电施工工程师手册》编写编委会. 水利水电施工工程师手册[M]. 北京:中科多媒体电子出版社,2003.

[4] 全国一级建造师执业资格考试用书编写委员会. 水利水电工程管理与实务(第4版)[M]. 北京:中国建筑工业出版社,2014.

[5] 全国二级建造师执业资格考试用书编写委员会. 水利水电工程管理与实务(第4版)[M]. 北京:中国建筑工业出版社,2015.

[6] 钟汉华. 坝工混凝土[M]. 郑州:黄河水利出版社,1995.

[7] 钟汉华. 土木工程施工技术(第2版)[M]. 北京:中国水利水电出版社,2015.

[8] 钟汉华. 水利水电工程施工技术(第3版)[M]. 北京:中国水利水电出版社,2015.

[9] 钟汉华. 水利水电工程施工组织与管理(第3版)[M]. 北京:中国水利水电出版社,2015.

[10] 钟汉华. 建筑工程施工工艺(第3版)[M]. 重庆:重庆大学出版社,2015.

内容提要

    本书是《水利水电工程施工实用手册》丛书之《混凝土工程施工》分册，以国家现行建设工程标准、规范、规程为依据，结合编者多年工程实践经验编纂而成。全书共 8 章，内容包括：混凝土材料、混凝土施工工艺、大体积混凝土施工、碾压混凝土施工、钢筋混凝土结构施工、混凝土特殊施工工艺、混凝土施工安全技术、混凝土工程质量控制检查与验收。

    本书适合水利水电施工一线工程技术人员、操作人员使用。可作为水利水电混凝土工程施工作业人员的培训教材，亦可作为大专院校相关专业师生的参考资料。

《水利水电工程施工实用手册》